别和烦恼过不去

薛艺 著

机械工业出版社
CHINA MACHINE PRESS

生在世间，人都有烦恼。

人们烦恼的本质来源于看不清楚，无法改变，活不明白。

看不清楚，如同在迷雾中行走，不知道自己身处何处。要是想通过胡乱行动试图改变现状，结果往往是越行动越容易误入歧途。

而解决烦恼的本质在于看清——看清烦恼背后人的欲望以及相关的情结；看清情结对人在躯体、心理、信念、行为等方面的影响。

看清才有改变的可能——通过内在探索与外在改变，让一个人的烦恼得到消除。

本书能够帮助在人生中面临现实以及心理困扰的人士理解自身的烦恼，找到有效的解决之道。同时，本书能够帮助心理疗法、生涯理论方面的爱好者和从业者从纷繁的心理学生涯理论中，整合出一条有效的咨询理论与技术的发展之路。

图书在版编目（CIP）数据

别和烦恼过不去/薛艺著. —北京：机械工业出版社，2022.8（2022.10 重印）
ISBN 978-7-111-70624-3

Ⅰ. ①别…　Ⅱ. ①薛…　Ⅲ. ①心理学－通俗读物　Ⅳ. ①B84-49

中国版本图书馆 CIP 数据核字（2022）第 069299 号

机械工业出版社（北京市百万庄大街 22 号　邮政编码 100037）
策划编辑：张潇杰　　　　　　责任编辑：张潇杰
责任校对：韩佳欣　刘雅娜　责任印制：刘　媛
涿州市京南印刷厂印刷
2022 年 10 月第 1 版第 2 次印刷
145mm×210mm・5.125 印张・1 插页・113 千字
标准书号：ISBN 978-7-111-70624-3
定价：59.80 元

电话服务
客服电话：010-88361066
　　　　　010-88379833
　　　　　010-68326294

网络服务
机　工　官　网：www.cmpbook.com
机　工　官　博：weibo.com/cmp1952
金　　书　　网：www.golden-book.com
机工教育服务网：www.cmpedu.com

一口气读完薛艺老师的《别和烦恼过不去》，有一种意犹未尽的感觉。我和薛艺老师的经历非常相似，都有过职业咨询和心理咨询的从业经历，所以在很多方面都有共鸣。这本书既有专业深度，适合专业人士学习，又通俗实用，适合大众读者提升自我。

对于大众读者而言，你会发现，书中的每一个专业术语，都会在生活中经常见到，通俗易懂。你可以从书中找到自己一直疑惑的问题：人为什么会产生人生、人心的问题？人总有各种欲望，如何更好地与欲望和平共处？心结影响人的哪些方面，具体都是怎么表现的？当然大家最关心的还是如何解决生活中的诸多烦恼？

读着读着，你会发现，自己不仅仅是读者，更是"书中人"：人生中的职业、学业、情感、家庭、亲子诸多方面的烦恼，书中的各类案例故事分析会助你看清人生中的烦恼、人心中的心结，并从中得到共鸣。感慨唏嘘后，解决之道在书中迎面而来，无论是躯体、心象、信念还是行为，你都能从各个层面提升人生掌控感，化"烦"为简。这也是书中化解心结的核心思路：看清内心的情结，表达真实的情绪，做出积极的转化，回归现实的掌控。

从心理咨询、生涯咨询的工作者角度看，我们一直在面临着一个挑战：心理咨询一百余年，各种理论层出不穷。虽然近些年来后现代思潮大有整合之势，但大多忽略了两个问题：第一，从来访者的角度，人们来选择成为来访者（病人）还是在看病之前先要成为咨询师（医生）？很多来访者在寻求帮助之前，无法了解自身到底是生涯问题还是心理问题，更无法在咨询前区分弗洛伊德和埃利斯的理论技术有何不同，他们更需要的是，我有人生中的烦恼，需要帮助；第二，作为从业者，我们到底是某个疗法的“信徒”，还是真正为来访者服务的助人者？对于任何理论技术的执着，是否本身也是一种“情结”，抑或是不同理论观点中的诸如“不合理信念”“未完成事件”“固化心智模式”“自我概念”呢？薛老师在书中提及的思路，如同他的工作室名称——“本义工作室”，从本源的意义上探究助人的本质，提出了两个基本观点：第一，解决人生、人心中的烦恼是关键，而不是以自身的理论技术为核心；第二，借助内在探索，看清烦恼的来龙去脉；通过外在改变，恢复人生中的掌控感。内与外的同步进行，最终让个体能够重新面对人生的挑战。这种思路，很有东西方文化融合的精神：追本溯源，兼容并蓄，辩证统一。如果你正在学习心理咨询或者生涯规划的相关理论与技术，这本书中的思路会让你站在一个更高的角度去看待这个行业：我们是人生烦恼终结者，人生掌控能力恢复者。

人生和人心都是很大的话题，把握起来本就不易。薛老师结合自身多年在心理咨询、生涯规划咨询以及培训中的大量经验，为大众以及从业者交出了一份答卷。期待你从中得其心，足其愿，过上有掌控感的人生。

庄明科

心理学博士，北京大学学生心理健康教育与咨询中心副主任、副教授，中国心理学会注册心理师，全国高校就业创业指导教师培训特聘专家

这是一本关注烦恼、解决烦恼的书。

这十五年对于我，无论是从事心理咨询还是生涯规划工作，本质上都在解决人们的烦恼。

因此，我经常被学员问道："人们的烦恼林林总总，怎么才能找到一条解决的通路？"

其实，无论人们的烦恼是来自自身的事业发展、婚姻情感、身心健康，还是与他人、原生家庭的关系，上至老叟，下至孩童，为他们提供咨询积累的经验告诉我，人们烦恼的本质来源于：**看不清楚，无法改变，活不明白。**

看不清楚。

如同在迷雾中行走，不知道自己身处何处。要是想通过胡乱行动试图改变现状，结果往往是越行动越容易误入歧途。

青少年试图通过不学习对抗父母与老师，但他无法看清，不学习影响不了别人，只会影响自己；

父母通过批评的方式试图让孩子接受自己的观点，但他无法看清，孩子缺少的不是被说教，而是被理解；

职场人试图通过拼命赚钱来换取未来的幸福，但他无法看清，其实，幸福是幸福，金钱是金钱。

当人们看不清自己被什么样的内心欲望所控制时，就会成为自身欲望的奴隶，不自知，不自觉。

现代心理治疗认为，一个人的心理健康和这个人的心智化（mentalization）水平息息相关。彼得·福纳吉（Peter Fonagy）在20世纪90年代后期提出相关理论，认为心智化是一种人可以解读自己以及他人行为背后的心理意图的能力。对于人生的烦恼，如果可以在烦恼产生、情绪出现的同时，人们增加一个反思和觉知的能力，比如，我为什么会生气？我这么拼命赚钱到底在做什么……这往往是改变的开始。

归去来兮，田园将芜胡不归？既自以心为形役，奚惆怅而独悲？悟已往之不谏，知来者之可追。实迷途其未远，觉今是而昨非。舟遥遥以轻飏，风飘飘而吹衣。问征夫以前路，恨晨光之熹微。——陶潜《归去来兮辞》（既然我们的心灵如此不自由，为什么还要如此失意而独自悲伤。过去的错误不可追悔，未来的事还可以改变。）

看清楚的人生，才有改变的可能。

无法改变。

每每提起孩子不学习的原因，父母的态度往往是，“什么心理原因？就是懒！”

说时痛快，自己却不知道，也许正是因为这样的态度和话语，成了孩子不学习的原因，或者借口。

毕竟，作为成年人，我们也管不住自己刷手机，上班偷懒，买了好多课却也没学几门……

改变的前提是看清楚，但谈到不愿做出改变，可能并不单纯是因为人的懒惰本质，也有可能是害怕自己即便不懒了，仍然得不到想要的结果。

所以，想要帮助人们消除烦恼，要内外结合：外在改变，通过行动和行动后的成就感，帮助人们获得可以改变的勇气；内在探索，理解人们在面临改变时，内心伴随而生的恐惧感。每个人的内心都住着一个害怕的小人儿，与其指责它，不如学会理解它，鼓励它，安抚它。让它愿意驱使着你的身体做出真正的改变：应对职场中的人际问题，说出那句不敢说的话，迈出自主学习的第一步……

活不明白。

活得明白，不仅仅能解决现实的烦恼，更可以超然于烦恼。有的人不仅可以“行有不得反求诸已”，进而还能把自己总结的“烦恼解决”成功经验分享给更多人，进入助人的行业中。

这些年来，我见证了诸多从活不明白到活得漂亮的真实案例：因为自身生涯发展问题成功解决后，转型成为生涯咨询师、学业规划师、志愿填报师；因为深陷情感危机，解决自身情感困扰后，从而成为情感关系专家；将心理学、生涯规划的方式应用到自身团队管理工作，增加兼职收入，解决婆媳关系……他们借助心理探索与生涯成长，让自己活得明白，活得漂亮。

虽然本书书名叫作《别和烦恼过不去》，但如果想要真正地解决烦恼，还真的要和这个烦恼过不去——看清烦恼本质，积极做出行动改变，才能超然于烦恼之上，活得更为通达、智慧、优雅。

回想我的职业生涯，也是一个不断和烦恼过不去的过程。2005年，全国大学刚刚开展“心理班委”机制建设之时，我意识到，这不仅仅是各个高校的“烦恼”（不知如何开展，没有人愿意开展相关工作），同样也是一个机会。当时还是学生的我，以专业心理老师的标准要求自己，认真备课，走访各兄弟高校，为自己的母校设计了一套心理班委建设机制，为心理班委开设 64 学时的心理委员培训课程并成立了“马拉松式的心理成长团体”。不仅得到了学校的认可，受到了学生的欢迎，也让我真正地走上了心理学专业之路。

期间，我总结出了“内在探索与外在改变”的心理框架，不仅能帮助人们解决烦恼，更可以帮助人们走上心理助人者的专业发展之路。在从事心理咨询、生涯规划工作中，我坚持传统的“匠人精神”，系统地提升从业者的理论知识、专业技术、心理素养。相信慢工出细活，努力为行业健康发展做出自己的贡献。

相信你看到这里就可以理解，想要消除烦恼，一方面要和烦恼过不去：将之视为改变的机会——看清烦恼，积极改变。另一方面，不和烦恼过不去，要和烦恼成为朋友。

薛　艺

于北京·本义心理工作室

目录
CONTENTS

一、烦恼的原因：欲望

作为一位心理咨询师以及职业生涯规划师，我经常被人们问到很多相似的问题：“你到底是做什么的，是不是治病的？”也有人会好奇：“心理咨询和心理治疗有什么区别？职业生涯规划和心理咨询有什么不同？”如果做专业的大篇幅解读，难免显得过于“无趣”。因此，用最简单的话来讲，我是专门解决人生烦恼的人。

无论是心理咨询还是职业生涯规划，本质上都是解决人生的烦恼。

烦恼是每个人都绕不过的话题，上至老叟，下至顽童；达官显贵，白丁布衣，不同的人有不同的烦恼。无论你是一个心有烦恼的人，还是一个想要帮别人解决烦恼的助人者，都会面临下面这些挑战。

心有烦恼的人在寻求专业帮助之前，难免会有这样的想法：“我最近很心烦，想找人倾诉，可看到纷繁芜杂的专业概念和体系疗法——精神分析、认知行为、行为干预、职业生涯规划……我不知道我到底需要什么。”

而心怀助人之心的从业者也会有这样的心态：“想要成为一名专业的咨询师，结果发现我学习了很多的心理学知识、技法，仍然没办法把这些内化于心，形成一套完整的体系，那又怎么才能帮助别人呢？”

心有烦恼的人和想要助人的初学者都无法看清问题的本质，却又希望可以解决自身和他人的烦恼。于是，我一直试图从心理咨询、生涯规划的智慧中，找到人们烦恼的本源，并且能形成一套解决烦恼的有效方法。

纵观心理学大师的智慧结晶，并结合自身在心理咨询、生涯咨询中的经验，**我发现人们的烦恼来源于欲望。欲望一旦产生而无法实现，人们就会陷入无尽的心理困境中。进而，烦恼也就会产生、发展。形成恶性循环，难以自拔。**

比如：

一个想要事业成功的人，如果上司总给他“穿小鞋”而他又无法搞定，那么他的烦恼必然会持续增加，无法终结；

一个人想要顺利通过考试，但就是无法专心聚焦、无法自律——不停地玩手机，越发焦躁，越发烦恼；

一个人习惯性地熬夜，饿了就点外卖，吃完又陷入深深的自责……克制不住的食欲，不断爆表的各项身体指标，成了他深深的烦恼。

同样，放不下的情绪、求不得的关系、无法面对的分离，烦恼的背后都是欲望在作祟。

当然，欲望是人之常情，大多会伴随我们的一生。而且，放下所有欲望是不现实的，这也不是本书要教你的。

只有看清自身的欲望，看清它是如何影响人心、如何让人们产生烦恼的，才能找到有效的解决方法。**和欲望和平共处，为烦恼寻找改变之道。**

1. 理解欲望，理解匮乏

说到欲望，让我想起《红楼梦》开篇，跛足道人唱的一首“好了歌”：

世人都晓神仙好，惟有功名忘不了！

古今将相在何方？荒冢一堆草没了。

世人都晓神仙好，只有金银忘不了！

终朝只恨聚无多，及至多时眼闭了。

世人都晓神仙好，只有娇妻忘不了！

君生日日说恩情，君死又随人去了。

世人都晓神仙好，只有儿孙忘不了！

痴心父母古来多，孝顺儿孙谁见了？

世人看不懂的道理，我们往往会用一些不合常理的人物和表达方式来传递，表达出其不同寻常的意味。跛足道人在人群中已经很不同寻常，还要“疯癫落脱，麻屣鹑衣”地唱歌。

看清人性真相，你会发现，无论人心有多么复杂，无论每个人的想法是多么地不同。大多数人心中的欲望都是朝向于“功名”“金银”“娇妻”“儿孙”。哪怕有的人说“我什么都不图，我就图自己健康快乐”“我什么都不期待，我就希望世界和平”，也摆脱不了欲望二字。

我不清楚神仙有没有被欲望困扰，但是我知道凡人最大的心理话题就是欲望。一切痛苦的根源来源于欲望本身。

欲望的含义，可以从相关联的成语中体会：“望眼欲穿”“望穿秋水”，字里行间都有一种急迫的期盼，眼睛都要望穿的感觉。**基于你本能的需求，想要达到的目标，就是欲望。**因此，人们本能中有什么样的需求，欲望就会通过各种各样的方式来帮人们实现。上班开会时，发言者喋喋不休，此时你很想上卫生间，本能驱使的欲望与环境限制之间的矛盾让人痛苦不堪；想要和心爱的人表白，但总是不确定牵手的时机是否合适，内心焦灼不安。

因此，**欲望可以被简单地理解为“我想要”**，本质来源于人们本能上的需求未被满足——“我不够”，进而人们总想要去尽可能地满足自己的需求。最终的结果最常见为两种——“得到了/没得到”（见图 1-1）。

图 1-1

男生女生牵手成功，发言立即结束——得到了，自然心生愉悦；

表白被拒绝，会议绵绵无绝期——没得到，痛苦感持续。

如果从“我不够”“我想要”“得到了/没得到”三个发展阶段来看，人们的烦恼往往集中在欲望（我想要）和结果（得到了/没得到）之间。“我已经知道我想要，但是我还没有得到”，这是人们最烦恼，最痛苦的阶段。

小时候，很多人都体会过“别人家的孩子”带来的烦恼。父母殷切地期望自己的孩子能够在各个方面都很优秀，超越别人家的孩子。那时的你，就是爱恨交加：既希望自己可以“德智体美劳”全面优秀，又烦恼于父母为什么总有那么多要求。想要而得不到，让你痛苦不堪。

这种烦恼，不仅伴随你的学生时代。等到你为人父母，也会开始为孩子寻觅目标：为什么别人的孩子就可以吹拉弹唱样样精通，诗词歌赋抑扬顿挫，言行举止恰到好处？再看看自家孩子，满满地羡慕、隐隐地期待、深深地挫败。想要而得不到，再次出现。

也许你会尽可能地控制自己的言行，不表现得像是自己的父母一样疯狂地对孩子提各种要求，但你还是控制不住内心的比较。学习了各种家庭教育课程之后，你既想要不过度要求自己的孩子，但内心还是控制不住地求全责备。无论你曾是这样的孩子，还是这样的家长，都面临着想要而得不到的烦恼状态。

我有个学心理学的朋友，一直抱怨自家孩子的数学成绩不好。报补习班、请家教、补营养，让孩子和班上数学好的同学搞好关系……她虽然觉得自己不该如此，但还是抑制不住地期待。

有一次见面，她和我诉说了这个烦恼。经过几轮询问，实在找不到原因。最后无奈，我问了一句：

“你和你爱人从小数学怎么样？”

她如同被点醒一般：“嗨，别提了，我俩小时候那数学成绩，惨不忍睹。”而后她又讲起了自己和先生的成绩是如何如何不好，脑子怎么都想不明白。

“我纠结了这么长时间的问题，原来是我俩遗传基因的错！”她不禁唏嘘感慨。

“以后，再抓狂孩子成绩的时候，别忘记默念一百遍：我生的，我生的，我生的。心态上起码可以得到有效的调节。”我和她说。

之后我们再见面，她虽然没有再提过孩子的数学成绩，烦恼确实得到了一定程度的缓解，但她仍然在为了孩子的数学成绩，不断地花钱补习。估计她内心的想法是：“就算我和孩子他爸的数学成绩不好，但孩子补一补总会好的吧。”

俗话说，不撞南墙不回头。但事实上，我们的欲望会让我们相信：**哪有什么南墙，只要努力撞，一定能出头。人性中的自恋会让我们相信：只要我想要，就一定能得到；哪怕现在得不到，持续努力终究会得到。**这也是旷日持久的欲望带给我们无尽烦恼的心理原因。

看过太多这样的人生故事后，人们不禁会问：难道就一点办法都没有吗？对金钱、对感情、对子女、对未来……无欲无求的，如同遁入空门就不可以吗？

从人性的本质而言，这很难。因为我们的基因就是这样被设计出来的。

2. 从根源看欲望，人是欲望的产物

既然欲望给人们带来了这么多的烦恼，我们为什么不能从根源上消除欲望呢？

这样的想法过于理想化，因为从本源上说，我们就是欲望的产物。

从人类进化的角度而言，**人类来源于不断向前的心理欲望。**

人类的起源是什么？

你可能会联想到猴子、猩猩，它们确实是我们的祖先。但如果从生物进化的历史长河来看，智人，也就是现在所有人类的祖宗，也不过距今 4 万～25 万年而已。那人类最早的生命形态是什么样的呢？

目前全世界公认的人类最早生命形态研究成果来自中国科学研究院院士舒德干教授团队。人类最早是一种小虫子，学名是冠状皱囊虫（Saccorhytus），它是一个只有 1 毫米大小的水生小虫子，生活在 5.25 亿 ~ 5.4 亿年前的地球海洋中。虽然它非常小，而且极其原始，但是它已经拥有了生物的基本结构。

冠状皱囊虫的结构如同一个小口袋，可以使它自由自在地漂流在大海中。原始海洋中有着非常丰富的营养物质，当一些更小的营养物质流经它的袋子口，就等于吃进了它的嘴中。最关键的是，这个过程并不是皱囊虫在主动吃，而是水流将食物冲到了它的嘴中。可以说，冠状皱囊虫是真的无欲无求——它也没想吃，也没有用力打开嘴，只是食物自然而然地就跑了进来。

并且，冠状皱囊虫的袋子是一种渗透结构。进入袋子的食物经过体内消化，留下有用的，没用的废物经由袋子外皮上的鳃孔自然而然地排泄出去。和进食一样，毫不费力地就实现了。

人类最早的祖先，活得如此舒坦，食物充足，罕有天敌，只需漂在海洋中，就可以过完无忧无虑的“虫生”。

那么，这么一群无忧无虑的小虫子，怎么就随着进化变成了现如今充斥着无尽欲望的陆生人类了呢?

原来，在 5.3 亿年前，这些无忧无虑的冠状皱囊虫中的一部分进化出了头——它们不再是一群随意漂到哪里就去哪里、随意吃喝拉撒的小生命。而是成了可以分得清头尾的脊椎动物，也就是鱼的祖先。

也就是说，小虫子变成了鱼，成了我们的第二代祖先。随后，一代代祖先进化亿万年，才成了我们今天的样子（见图 1-2）。

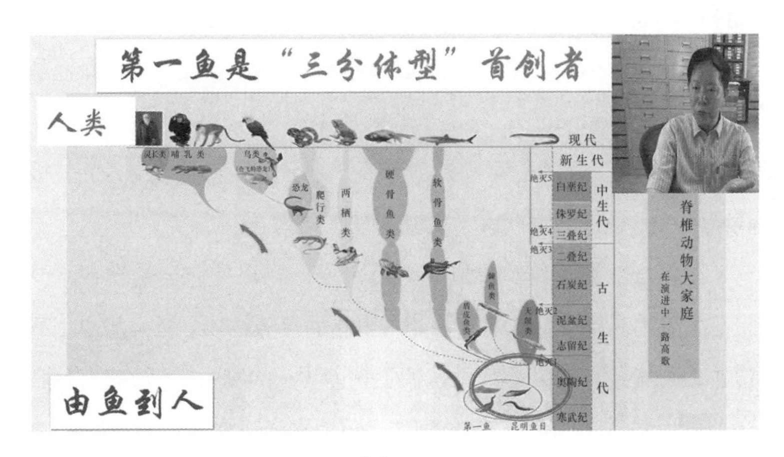

图 1-2

然而，好端端的一群快乐的小虫子，怎么就进化成了有头有尾的鱼了呢？

这样的生物进化困惑，一直延续着：

好端端的鱼，为什么进化出有力量的上下颌结构？

好好在水里待着，为什么要长出四足，登陆土地？

好端端的水陆两栖，蛋生的动物，为什么慢慢变成了胎生的动物？

好好爬着就好，为何要直立行走？

短短几句说出了 5 亿年的人类进化史，但事实上，**进化的根源来源于环境的改变，环境倒逼物种的求生欲。欲望确保了生存，生存同样也保留了欲望。**

回到 5.4 亿年前的海洋。虽说是海洋中物产丰富，难道会一直丰富下去？

冠状皱囊虫可以无尽地繁衍，伴随着小虫子们越生越多，食物却没有那么多了。原来随意漂来荡去就可以吃到东西。而现在越来越难以吃到食物，这意味着有一批皱囊虫因为吃不到食物而死去。

达尔文的进化论表明，物种中总会发生基因突变——有的小虫子突变出了头和尾。头尾结构意味着生物拥有了方向以及动力性。进化出头尾结构的物种从无目的的弥散性行为，转化成为有目的的行为。相比于“皱囊虫 1.0 版本”漫无目的地游走，进化出头尾结构的“皱囊虫 2.0 版本”则显得更有心机：我要游到某个地方，去吃我想吃的东西。

从人类进化角度看，这个历程是非常值得庆祝的篇章：物种得以延续。但从欲望的角度看，人们要为自己的生存，不得不持续地“求”下去。

这样的所求，贯穿了人类进化的整个历程：

虫子进化成了鱼，而水中的食物终究不能满足所有的鱼。于是对生的需求使它们突变出坚硬的上下颌。这样它们不仅可以吃原来的软食物，也可以吃掉没有进化的柔弱同类，“有所求”的鱼类成功地留了下来。

慢慢地，水中的食物不充足了，于是欲望驱使其中的一批鱼长出孱弱的四足，率先登上了大陆。虽然它们的四足还不够有力，但是捷足先登的两栖动物们，可以独享陆地资源，进化再一次保留了有欲望的一批物种。

陆地的竞争越发激烈，如果自己的下一代还要先从蛋慢慢破壳，被吃掉的风险就会很高。基因突变出来的一批胎生动物可以更好地确保后代生存。求生的欲望再一次引领我们的祖先走对了进化方向。

终于，文明的曙光初现。经历了恐龙灭绝的灾难后，存活下来的哺乳动物的体型都明显地变小（也是因为生存的阻碍，大多数食物消失了，只有体型小的动物才能存活）。而其中有一类名为阿特拉斯猴的动物，开始解放了自己的双手。抓取食物比四脚着地用嘴去吃的动物更为灵活，欲望总是可以走对进化的方向。

灵活的双手，解放了四肢，同时也解放了大脑——确保脊椎可以直立。大脑的进化速度加快，人类的欲望之路就走到了今天。

而如今，我们仍然活在无尽的所求中。人们的一生有五求：求生、求学、求职、求偶、求死。求生、求死人们无法做主，但功名、事业、伴侣这些相对可以做主。于是，为了求得好功名、好事业、好伴侣，必须要卷入欲望的竞赛和持续的烦恼中。

为了考个好学校，能多考一分就多考一分，毕竟高考中多考一分就能前进好几百名。

为了有个好工作，从中学开始就进行职业规划与职业探索。进入职场更是要面对尔虞我诈的环境以求得不断晋升。

你所追求的人不爱你，爱你的人你不喜欢……爱与恨的纠葛，世世代代都在上演。

人们也会为生命中的追求而受苦，产生烦恼。虽然烦恼，但人们也不会因此而放弃追求。我们就是进化过程中欲望的产物，与其想要消灭欲望，不如承认欲望存在的必然性和合理性。

心中有这些追求，如同有一团熊熊的“烈火”。若是没有了这团“火”，失去了欲望，人的状态往往会变得更糟糕。

3. 热爱欲望，做一个有心理能量的人

每每在咨询伊始，我都会问来访者："接下来的60分钟，你期待达成的目标是什么？"

"我想要找到自己未来的职业方向。"

"我家孩子还不太清楚高考该选择什么样的专业。"

"我想转行，成为和你一样的生涯咨询师。"

……

但凡能说出目标的人，他们心中都有一团"火"，这团火就是他们内心的欲望。

心中有团火，走夜路也不怕。因为这团火，是一股强大的能量。

这团火在心理学中，称为"心理能量"。

心理能量这个词，最早由经典精神分析学派的创始人弗洛伊德仿照物理能量提出。物理学中有热能、电能、风能……人的内心也有一种看不见摸不着，却可以感受到的能量。后来，心理学家荣格延续这个方向，将**心理能量理解为一个人的"生命力"**。一个人的欲望很强，心理能量也很强，生命力就会显得很旺盛；同样，一个人若是对什么都没有了欲望和渴求，心理能量会显得很弱，生命力也是"垂垂老矣"的样子。

而生命力，是一种主观感受，通常我们通过理解人们的目标与行动力来判定其生命力的状态。如果一个人可以很好地根据自己的欲求，制定目标并持续为之行动，我们会感受到这个人很有能量，生命力也是一种流动的状态；如果这个人的"欲望—目标—行动"

链条是断裂的：要么没有目标，要么无法为之行动，我们会感到这个人的生命力处于一种受阻的状态。

这就是生命力体现的链条：**内心的欲望促成现实的目标，现实的目标激发持续的行动，而行动的本质就是为了满足欲望（见图 1-3）。**

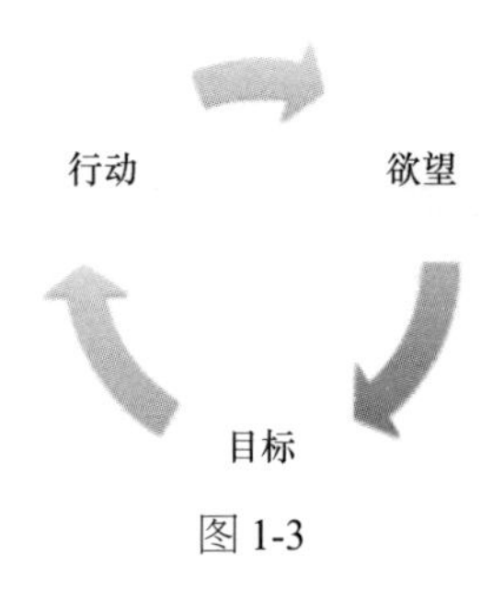

图 1-3

曾经有一位大学生，在大四那一年，女朋友因为他胖而选择和他分手。那一刻，他的世界天塌地陷，觉得自己没有未来了。所幸他心中的那团"火"没有灭掉："我一定可以瘦下来，让离开我的人知道她的选择是错的！"于是他立志减肥。

这一刻，他的欲望是强烈的，想要证明自己；他的目标是明确的——通过减肥来证明自己是个有意志力的人，让那个姑娘后悔。但现实往往是残酷的，当宿舍的同学们继续拉着他吃夜宵、不运动打游戏时，他意识到，自己的行动不仅要靠自身的努力，还要改变环境。

于是，他搜集了一系列的运动课程，又和体育部的同学们讨教，保持健康的生活方式。功夫不负有心人，他瘦了下来。减肥的目标达成，他成功了。

成功之后，他的欲望得到了更大的激发。"我发现都已经 2014

年了，网上可以搜索到的运动教学视频还是郑多燕、施瓦辛格那种画质极其糟糕的视频，难道就没有人做一个移动互联网时代的减肥教学视频集锦吗？”

于是，这位大学生心中的火烧得更旺，目标更远大——我要做一个软件，满足很多人在健身过程中的种种需求。他的欲望不再只是证明自己，而是造福更多的人。

这个大学生叫王宁，是 KEEP 的创始人。王宁通过证明自己的欲望、瘦身的目标、减肥的行动，让自己获得了成功，进而发展到让自己的成功经验和反思造福更多人。目标也从解决自己的问题变成解决更多人的问题。这团火越烧越旺，促使他一路走向更远的未来。

欲望会促使目标建立，目标会激发行动，但**行动会激发何种新的欲望产生，则和行动的成败有关**。王宁可以从自身减肥转化到做出健身软件，来源于其前一个阶段的成功——他依靠他的努力实现了减肥的成功；而如果减肥的行动失败，下一个欲望，怕是很难转化到创办一家公司，更合情合理的欲望选择可能是“不要期待完美的身材了，能瘦一点点就好了”。

成败感加入到“欲望—目标—行动”的链条中，可以解释人们在生活中，为何有的人持续地积极向上，而有的人则仿佛陷入一潭死水，裹足不前。

大学新生总有一个普遍的欲望：想要在大学里面成为牛人。欲望有了，便尝试各种各样的目标与行动：制订计划努力学习，增强人际社交，积极寻找真爱，去图书馆疯狂借书……

欲望很丰满，行动很骨感。经历一段时间之后，有多少目标行动可以持续呢？发现自己所选的专业和自己理解的相去甚远；发现自己制订的计划根本抵消不了自己的懒惰特性；发现虽然很想在众人面前展示自己，却无人问津；最后还发现自己借的书早就过了还书日期被扔在角落……这些目标无法达成，根本无法满足“成为牛人”“证明自己”的欲望。心中的火越来越暗淡，终于有一天，全然放下了。

“什么努力都没用，都是虚无的。”

哀莫大于心死。当内心的火灭了，一无所有，一片荒凉。人们会觉得自己是一个失败者；为了抵御失败体验，人们会产生新的欲望——证明“我不是一个失败者”。

持续成功的人，大有“春风得意马蹄疾”之感，选择欲望满足时也会更趋向于发展性：寻求更高的抱负，更大的期待；而持续失败的人，“穷则独善其身”，欲望会更倾向于考虑自身的基本需求。甚至到最后，活下来就成了唯一的欲望。

用上面的例子来理解欲望这团火的运作机制，你可以从“欲望循环图”中发现以下几条规律（见图 1-4）。

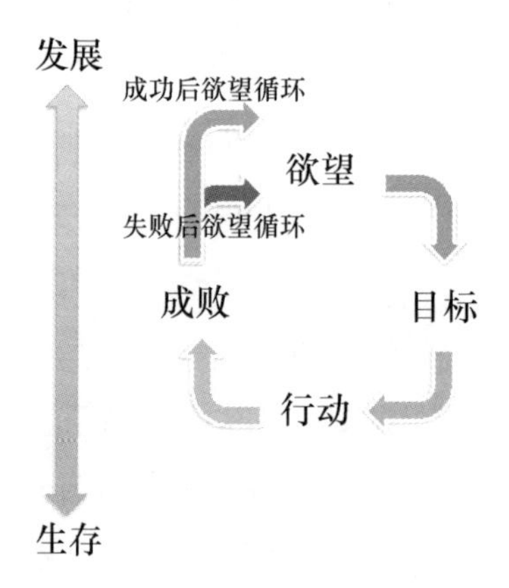

图 1-4

（1）欲望会驱动一个人的目标建立与行动产生；

（2）行动实现的成败感会影响下一个欲望的产生；

（3）持续成功的行动，会使得个体更倾向于发展性的欲望满足，有更大的抱负心，更高的欲望和期待；持续失败的行动，会使得个体更倾向于生存性的欲望满足，自我保存，降低期待。

通过欲望循环图，回顾过往，看看自己的生命力是如何越烧越旺，或者慢慢熄灭的。你可以问自己这样的几个问题：

目标与行动："在过去，我曾经在意过哪些目标，又为了这个目标采取了哪些行动？"尽可能地先罗列出来。

然后看着这些罗列出来的目标和行动，思考以下几个问题。

（1）这些目标与行动是为了满足自己内心什么样的欲望？

____

（2）当时这些目标与行动对于欲望满足的效果如何？通过这些方式，你满足了你内心想要的欲望了吗？

____

（3）如果欲望得到了满足，之后的感受如何，又产生了什么新的欲望？

____

（4）如果欲望没有满足，你自身的感受和体验是什么样的？之后又有了什么样的欲望呢？

____

回看十年前的照片，很多人都曾唏嘘感慨：那时的我除了脸上满满的胶原蛋白，眼中还有光。现在被现实打击得充满了失败感，虽然未至中年，却有垂垂暮年的心态。

想要改变这样的心态，恢复生命本来的样子。先要看清自己是如何一步步走到了今天，才有可能重燃心中的火——欲望，点亮眼中的光——目标，走出举步生风的步伐——行动。

愿你“心中有火，眼里有光，行走有风”。出走半生，归来仍是少年。

4. 没有达成的欲望，都写在你的脸上

虽然人人都希望自己心想事成，万事遂愿。然而人生的真相是：大多数的欲望都不会轻而易举地实现。

虽然每个人都希望通过行动最终能获得成功，但有成功就会有失败，谁又愿意承认自己是一个失败者呢？

比如，学习了多年的心理咨询、生涯咨询的人，到底有多少能够成为自己期待的样子呢？无论是有稳定持续的咨询收入，或是有一定的行业影响力，或是创办自己的公司、工作室，抑或是成为一代名师、大师？

同样，多年职场的努力和付出，最后未达成自己所期待的心愿——无论是高薪、持续晋升还是领导的认可，多少人会心甘情愿地认同“我确实不如别人”。

不甘心、不认命，无论是大众还是心理助人者，欲望都是他们“衣服上黏的一粒饭粒子，也是心口上的朱砂痣”。放不下，扔不掉，离不开，舍不了。

如上一节所述，持续成功的人和持续失败的人，都会产生新的欲望。而最**艰难的人则是那些不断体验失败感，却还没有承认自己是个失败者的人。**

承认自己失败了，反而会释然；而和失败感对抗的人，会一直活在烦恼和痛苦中。

承认自己是学渣的学生，往往比成绩中等的学生活得更轻松。因为学渣已经放弃了对学习的期待，而成绩中等的学生仍然相信自己又不差，凭什么不能成为学霸。

职场中无欲无求的基层老鸟，往往比刚进入职场的新兵活得坦然。因为他们早已不再期待晋升和加薪：有饭吃就好。

长期活在“强烈欲望”和“无法成功”夹缝中的人，因为内心要时刻体验痛苦煎熬，于是，**他的内心开始启动一套防御机制，来帮助你抵御这种痛苦**。

心理学研究发现，**防御机制经常作用于两个方面：心理以及躯体。一个叫作心理防御机制，一个叫作人格铠甲**。

一百多年前，心理学家安娜·弗洛伊德，发现了应对心理痛苦的机制并命名为“心理防御机制”。当一个人面对无法成功所产生的挫折、痛苦时，他的内心就会产生种种方式，让自己的痛苦感尽可能地缓解。

比如，面对自己的能力不足，人们会否认自己水平不够好，也可能会幻想自己的水平已经很高了。同样，面对自身的挫败感，有的人会归结于对方在其中使坏，或者产生“酸柠檬”的心态：“成为一个牛人，我还不稀罕呢……”其实心里很酸楚。

另外一位心理学家，躯体心理学的创始人威尔海姆·赖希，一生致力于研究“人格铠甲”（也有翻译为身体铠甲的）。人格铠甲这个词非常生动，我们的肉身是为了保护我们的心灵。当心灵受伤之后，身体会受到影响，形成外在的铠甲。

比如，从长期的心理病理分析角度发现，一个人如果想要与别人关系好，却总是得不到别人的积极回应，总是受到他人的伤害，这个人的身体会呈现出整体内收的特征，眼神会表现出一副噙满泪水的状态，“我用奉献想寻求别人的积极关注，却得不到回报”的心灵创伤，被身体保存了起来。同样，自信心不足，想要展示自己却总受到挫折的人，身体也保存了其“无法展现自我”的心灵创伤——脊椎弯曲、无法昂首挺胸的身姿。

这些心理和身体上的“铠甲”，帮助个体很好地抵御欲望无法成功的痛苦，但也会就此而保留下来。例如，一个习惯借酒消愁的人（心理防御上称之为情感隔离，喝多了自然就隔离掉痛苦感受了），会保留这样的模式，进而也就接受了长期喝酒者的身体和心理模式。习惯成自然，人们会使用自身最熟悉的防御机制抵御内在的痛苦焦虑。**未被满足的欲望、失败痛苦的体验，也许你都已经忘记，但是你的身心都记得。**

曾经有一位来访者，他不确定是该选择出国就读一所常春藤名校，还是在国内以名牌大学毕业生的身份去就业。聊了一段时间后，所有的表达说明其实他心中已经有了答案：继续深造、就读藤校。毕竟对于大多数人而言，藤校的背景会让人心驰神往，但为何还要纠结而无法做出选择呢?

在为他咨询的十几分钟过程中，我观察到了他有很多次的唉声叹气以及多种无力的躯体动作，眼神也很空洞。于是我很真诚地问：“听你的描述，说实话，我觉得如果我是你，我会直接选择出国，我想从理智上做出这样的选择没有问题。但我感觉到你一直有一种无力感，包括你经常不由自主地叹气。我不知道这对于你而言，意味着什么。方便的话我们可以说一说。”

沉默些许时间后，他说：“老师，您的观察很敏锐。我现在最大的困扰是，我很害怕再次犯抑郁。”

原来，高考那年，他作为当地的尖子生，承载着家人的期待，复习压力很大。高三那年被确诊抑郁症，一边服药一边依靠自己的意志力顽强地考上了名牌学校。虽然看上去达成了目标，但过程中的痛苦，内心持续和“我不行了”“我要崩溃了”的痛苦感对抗，留存下来的抑郁感让他记忆犹新。而身体也因为抑郁保留了持续低落和无力的躯体动作。

即便到了大学期间，一旦学习强度增大，他就会担心自己的抑郁症再次复发，稍有情绪的起伏就会草木皆兵。久而久之，形成了一种无力的躯体状态。

这种无力的躯体状态，对于躯体心理学经验丰富的咨询师而言，一目了然：这是典型的“死力”（passive weight）——全身经常有意无意地呈现出的一种如同死人一般没有力量的状态。这种状态经常出现在抑郁症患者身上。而且，即便这个人当下没有病情的发作，也会保持着这样的躯体模式状态。

于是，我和他的咨询也从生涯咨询转变为对聚焦抑郁状态的心理咨询。当他得到了如何有效应对抑郁来袭的方式，重建信心时，他终于决定选择出国。

虽然一个人的心理创伤和躯体姿态的形成，还没有一个绝对化的标准和图谱，但心理学家一直在不断地研究和总结。如果你对于其背后的生理机制感兴趣，可以阅读巴塞尔·范德考克的《身体从未忘记》。目前可以被证实，一个人的心理创伤会影响人们的体型、眼睛传递出来的神情、身形的挺拔度、身心疾病等。对于有些人而言，长期生活在压力状态下会导致肥胖；后背肌肉长期疼痛也和自己经常无法表达出来的愤怒有关……了解了我们的身体和心理防御模式，也能让我们看到那些失败的欲望和内心的痛苦与挫败。

结合欲望循环图，总结一下。

人们的欲望驱动目标，目标促进行动。行动成功，驱使我们更倾向于发展性的欲望满足；行动失败，驱使我们更倾向于生存性的欲望满足。

在行动过程中，欲望未被满足而又不愿承认失败会产生持续的痛苦体验。为了抵御痛苦，人们的心理防御和身体防御会开启，并会把相应的模式保留下来。

因此，探索自身的心理防御以及身体防御，可以有效地反推自身未被满足的欲望有哪些；同样，如果你是一位心理/生涯咨询师，助人者，你也可以通过了解来访者的躯体特征以及心理防御机制，更好地理解来访者经历过哪些事情，遭遇过哪些伤痛，哪些欲望未被满足。只有对症下药，才能药到病除。

5. 探索你的早期欲望

前面所说的都是当下人生阶段的欲望和烦恼。而在一个人小的时候，有没有欲望以及欲望未被满足所引发的烦恼呢？

答案是显而易见的，人不可能没有欲望，长大了有，小时候同样有。只不过**长大之后的欲望，我们更容易调节；而更早期的欲望，我们更难调节，痛苦程度也更强。**

这背后的原因有很多，**主要因为孩童所经历的刺激事件比较少，敏感程度也比较高。**所以遇到一点点不遂心愿的事情，反应会比较强烈。

而成年人，被现实生活中的各种事件“摧残”，如同从一块鲜嫩的皮肤变成了一块老茧——虽然还可以感受到外界的刺激，但早已失去痛感。

正因为孩子的内心更“鲜嫩”“纯真”，很多欲望无论是得以满足还是被抑制，都会在他们的内心造成更强烈的影响。大多数心理学家也认为，**早期的心理模式会影响和塑造人们的整体性格、行为模式。更早期的欲望未被满足，其内心的驱动力更强，产生的烦恼和影响也会更大。**

因此，**了解你的早期欲望，相较于当下的欲望来说，更重要。**

然而，探索早期的经历，又谈何容易。事件发生久远，记忆也会变得越来越模糊，只能通过一些记忆的片段，或是父母的回忆等蛛丝马迹进行探索。正因如此，很多心理学家称这种探索方式为“心灵考古学”。咨询师如同考古学家一般，通过发现个体成长路上的种种信息，来看清其童年、幼年，甚至婴儿时期的欲望。看清这些欲望有哪些，是否被满足以及对于今日的影响。

如果你想要探索早期的欲望，可以和这些心理学家一样，从两个方面探索：现实探索，想象探索。**现实方面，搜集以下直接的证据。**

原生家庭成员探索：向父辈、祖辈们去询问自己早年间的性格特征、情绪特点、重要事件、意外事件、家庭的主要照料者以及他们的心理特点、家庭教养方式等。

原生家庭信息探索：回顾自己早年的照片、影像资料，看看其中自己的情绪、心理感受、共性等。

早年同伴信息探索：和自己的小学、初中同学聊聊往事，看看别人眼中早年的自己是什么样的人，经常有什么样的表现以及欲望。

这些都可以帮助你了解自己儿时是一个什么样的人、进而去理解、揣测可能有的欲望。

比如，家里小时候相对穷苦的孩子，难免会有“想要更多”的欲望。这里的“更多”包括更多的食物、衣服等生活用品。如果早期的物质欲望无法得到满足，长大后，也会转化为各种各样的欲望满足形式——囤积衣物、报复性消费，即便有钱了还继续过艰苦的日子……

有的人小时候遇到了严苛、控制型父母。长大后难免会有想要自由的欲望。在以往的咨询经验中，会发现很多这样的孩子选择了自由职业；伴侣选择和服饰风格上也有追求自由的倾向。当然，这并不能说所有遇到严苛、控制型父母的孩子都会在未来的人生中追求自由。而是借由早期经历来理解当下根深蒂固的欲望。

除了以上通过现实探索获取直接证据的方式，**还可以使用想象探索的方式。**因为现实探索也有一定的弊端。一方面直接证据不易找到；另一方面，别人口中的你，也已经是经过别人主观理解的你了。与其从外界寻找信息，不如静下来，问问自己的内心。接下来，你可以尝试用想象探索的方式，看看自己的早期欲望。

找到一个可以让自己安静、放松下来且不受打扰的地方。闭上眼睛，去想象自己从目前所处的环境中离开，想象自己通过一段隧道来到了另外一个房间。这个房间的中间有一张婴儿床。请你来看一看，这是一张什么样的婴儿床，里面的婴儿是什么样的神态、什么样的表情。

然后，在你和这个婴儿四目相对的过程中，尝试去想象，你进入到了婴儿的内心，你成了这个婴儿。你可以用它的身体去感受一下外界，感受一下他所处的环境，是冷，还是热。婴儿的爸爸妈妈在哪里？他们给婴儿的感觉是什么样的？婴儿在此刻，内心的渴望是什么？他想要什么？

这种渴望可能仅仅是一种感受，但请你在内心明确，孩子的感觉以及渴望。如果用最简单的话语描述会是什么样的？比如冷，“我需要温暖”；比如饿，“我需要食物”；比如害怕，“我需要妈妈”……

然后，请你让想象中看到的婴儿慢慢长大。在他的成长过程中，你会看到三个成长中的场景。有可能是在学习的时候，有可能是第一次在幼儿园遇到陌生的小朋友，有可能是爸爸妈妈的训斥……当然这仅仅是一些提示，你需要去看一看自己可以想象到的场景。在你看到的场景中，去看一看孩子那一刻的心情是什么样的，他那一刻想要什么。他得到了自己想要的东西了吗？无论那个东西是具体的还是一个抽象的概念。把这些感受记录在你的内心。

然后，慢慢地看着这个孩子长大、长大，长成了和你一样大的人，成了你自己。去在想象中，问问他：“你觉得你的童年怎么样？你能告诉我，你想要什么吗？”接下来，听他倾诉出自己内心的一段独白。这个过程可以更好地了解自己早年的欲望，也是一个自我探索和疗愈的过程。

如果在这个过程中，你自己出现了一些情绪，就允许自己情绪的表达。可能会流眼泪，或者会感到害怕、愤怒，这都是你在成长中经历过的但一直没有机会表达的感受，接受它们的存在，关照自己的内心即可。

当你在内心感受完这个过程后，感谢这个想象中的你，然后从那个房间走回到你原先的现实世界。慢慢睁开双眼，回到你现实的环境中。

通过早期欲望的想象探索，结合现实的一些信息，你会得到更为完整和系统的结果。当然，任何的心理探索都不能给出绝对正确的答案，也需要你一次又一次地进入内心这个“古老而未知的世界”去探索。探索其中的蛛丝马迹，慢慢拼凑，整合出价值连城的“心灵文物”。

6. 看清欲望，不做欲望的奴隶

人们的烦恼来源于欲望，而无论从人的生物学本质还是环境的不断诱惑，人们是难以消除欲望的。

“最近××茶（奶茶店）又推出了当季特供茶，我们快去买吧！”

“中杯、大杯、特大杯，当然是要特大杯！”

商家是天然的心理学家，不断地洞悉人心的需求，让人们活在被唤起的欲望中。

高热量的食物用诱人的图片、香气和广告来诱惑你；低热量的食物用健康、时尚、高人一等诱惑你；

时尚品牌邀请网红模特穿着它们的时装，为你营造出你穿上也可以如此迷人的幻想；

医美行业告诉你，美了才有人爱，美了才有未来，所以不仅要整容，还要系统地整容，全面地整容。拥有一张完美无瑕的脸，却没有人告诉你，什么是完美无瑕。

被外界诱惑出来的欲望难以自控，而来自自身的欲望更是欲壑难平。

恋爱中的人说：“我很想要她做我女朋友，但是她不想和我在一起，我该怎么办？”

学生说：“我就很想要考到年级第一，但是周围的学霸太恐怖了，我能有什么办法？”

虽然在欲望循环图中，欲望驱使目标产生，目标促进行动发生，行动的成败决定这个人会如何产生新的欲望。看上去这个过程是自然而然的，而真实的情况是，**人们一旦产生了欲望，并为之找到了一系列的目标之后，人们更容易聚焦于目标，并用持续的行动来达成目标，早已忘记自己的欲望——当时的初心是什么。**甚至，很多人也从来没问过，自己的欲望到底是什么。

拥有了想要考年级第一这个目标的高中生，进而不断努力学习，用逼疯自己的方式去努力，却早已忘记当时的欲望是想要成为生物学家。活在不断与别人竞争而又无法达成的烦恼中，却不能享受生物学带给自己的快乐。

苦苦追求女生，仅希望得到对方的垂青。在烦恼和痛苦中不仅失去了尊严，也失去了自我。经过一次咨询，他才发现，自己追求女生背后的真实想法是想要证明自己的成就感——我可以成为白富美的男友。但事实上，即便真的和白富美在一起，往往也是悲剧收场，没有真爱，而是炫耀的感情。为何不直接提升自身的成就感？

有的人看似每天很忙，但其实可以称之为瞎忙。距离自己的欲望，距离你的初心越行越远，不如停下来，看看自己的“初心”到底是什么。

如果一个人的欲望是成为生物学家，那么在高中阶段，他必须清楚想要成为生物学家所需要的知识储备、学习能力、常见的发展路径。因为即便真的成了学校的年级第一，也不能确保这个人未来就可以成为生物学家，只能证明高中成绩不错而已。

如果一个人不断地在用医美来让自己变美,而本质的欲望是想要得到别人的认可和尊重,那么这种行动也难以达成真正的欲望满足。只有坚定的自我尊重，才能赢得广泛的他人尊重。心中的虚弱若是用脸来补，到最后也只剩下好看的皮囊和空虚的灵魂罢了。

在欲望循环图中,目标与行动都属于外显的要素。一个人可以很清楚自己的目标，并产生行动。但欲望和成败感都属于主观、内隐的要素。你可以看到一个人在不断地努力、忙碌，但很多时候你不知道他内心的真实欲望是什么,以及他如何理解自己做的这些事情是成功的还是失败的。甚至有的时候，这个人自己都不清楚自己做这些事情满足的欲望以及成败感（见图 1-5）。

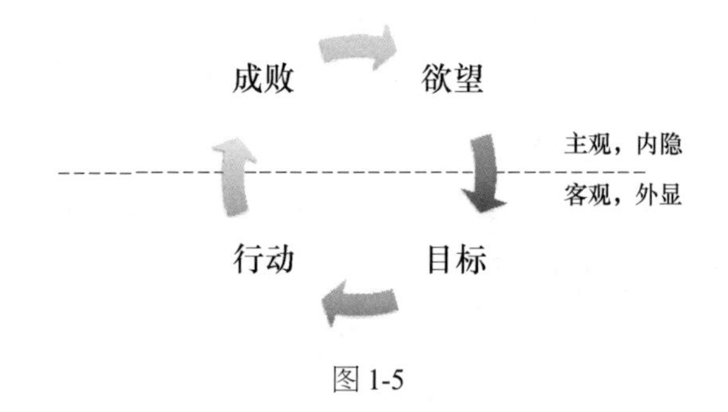

图 1-5

想要不做欲望的奴隶，核心就是要看清整个循环图。**第一种方式，看清欲望，看清自己忙忙碌碌、疲于奔命的背后，到底想要满足什么样的欲望**。只有看清这些你才会发现，也许你根本不需要这么做。

乌鸦为了喝到瓶子里面的水，于是不断地到河床边衔起小石子，扔到瓶子里，使瓶中水位上涨。

衔着衔着，乌鸦停下了脚步。“等等，河边？喝水？我在干什么？”

看清欲望，不做愚蠢的乌鸦。

不做欲望的奴隶的第二种方式——**看清成败，为自己设定底线**。

成败感看似是一道精准的红线。体重减掉 10 斤，成功；减了 9 斤，失败。找到一份安稳的工作，成功；未被录取，失败。

但成功和失败真的可以如此简单粗暴地被对待吗？如果一个人减肥差 0.1 斤就能达到目标，会不会就被定义为一个没有意志力的失败者？同样，如果一个人高考仅仅因为 1 分之差，未被理想院校录取，就可以被轻率地理解为这是一个高考的失败者？

我个人从事高校创新创业教育工作多年。在创新创业领域，我发现了一个很有趣的事实：大多数的企业家、创业者不会用创业失败来谈论一个人。他们会用“连续创业者”来形容之前创业失败的人。

而更有趣的是，很多投资人、创业者很喜欢这一群连续创业、企业连续倒闭破产，又能爬起来继续创业的人们。

前有资金链断裂后成就巨人集团的史玉柱，后有办手机公司破产为还债做直播带货的罗永浩。在他们的欲望循环圈中，甚至没有成败两个字。只要人还活着，一切的经历，都是反馈：经过这一段历程，我得到了什么样的经验和启发，这将如何支持到我下一个阶段的欲望得到满足？

所谓不以成败论英雄，当人的欲望还在，就把每一次的行动，都当作对自己欲望的检验：我得到了哪些？我失去了哪些？下一次的尝试对于我而言，还可以去做什么样的改变？哪些方面将成为底线，是帮助我止损的？哪些方面将成为我的新目标，是需要多多尝试的？

看清欲望的循环，你会发现，真正和欲望和平共处的方式包括以下几点（见图 1-6）。

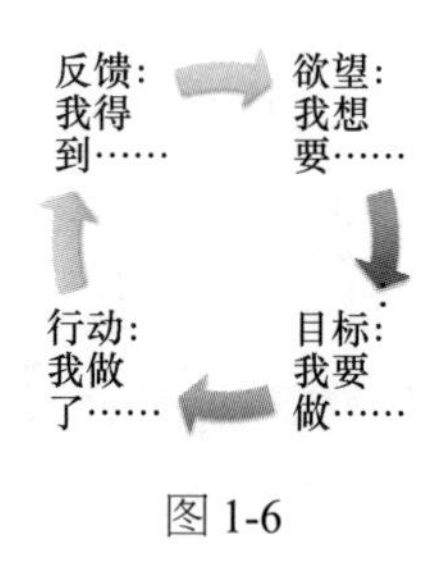

图 1-6

（1）不让自己陷入在目标行动的无尽循环中，而是看清欲望的本源，从欲望出发，设计符合自身的目标与行动。

（2）不以成败限定自己，而是把每一次的行动理解为有效的尝试和反馈。通过行动反馈，看清自身的欲望，设定新的目标，建立有效的行动。而这一次的行动中，你会开始产生有效的底线思维和聚焦思维。

底线——为自己设置一定的止损点；聚焦——明确这一次尝试的核心方向。

过有觉知的生活，让你的欲望为你服务。

二、烦恼的根源：本能

如果说欲望是人们产生烦恼的原因，那么欲望产生的根源是什么呢？

心理学家能够给出的解答是，欲望是人们的本能。如第一章所述：人类作为进化而来的生命体，欲望是人类天然携带的。

但这么说来，难免有一些“不讲道理”：既然说欲望的根源是本能，那么本能是什么，人们的本能又有哪些，这些本能从根源上让人们产生烦恼的机制是什么？

这一章，我将从本能的角度去让你理解，人们最根本的心理创伤来自哪里，以及如何尝试修复。

1. 本能：控制你的终极力量

你有没有经历过这样的情景：来到旅游胜地，黄山之巅，除了感慨山川大河的美好，站在顶峰，还会产生一种想要纵身一跃的冲动。

这种冲动，有时在一些居住高层楼房的人那里也会有。向下看，内心难免有一跃而下的冲动，当然，你并不是要付诸行动，只是头脑中的想法会禁不住出现。

你也明知自己的人生没有被逼向绝路,也没有罹患抑郁症或者有自杀倾向。但这种感觉还是会偶尔出现。

人类社会虽然已文明开化数千年，但是不要忘记，我们是从5.25亿~5.4亿年前的皱囊虫进化而来的。在更漫长的时间里，生物还是低等动物——我们的生物性蕴含于体内。

蕴含在人们身体里，不需要后天学习而先天自带的倾向，称之为本能。

回顾心理学对本能研究的历史,无论是弗洛伊德还是麦独孤等心理学家，他们都有统一的观点：本能驱使人们发展，帮助人们产生适应环境的多种本能。

弗洛伊德认为，人有求生的本能、爱和性的本能，因为这些都是有利于生存、延续的，这些天然而有之，人们不需要学习就会求生，就可以表达和接受爱。随后他又发现，人类也有攻击、破坏的本能，他用了一个和生相对应的词——死，称之为人的死本能。生本能用来确保人这个有机体自我保存、繁衍后代，让自己的基因不断地延续下去；而死本能是一种破坏、攻击、毁灭的本能特质，目的在于让一切回到原点。

说到这里，你是否会有一些疑问出现。

既然说爱别人是一种天生的本能,那么为什么还有人会说自己"爱无能",既无法表达自己的爱意，也觉得自己无法接受别人给予的爱。

既然说到攻击别人是一种天然的本能,为什么还有那么多人在烦恼，苦于自己无法表达愤怒和攻击性?

欲望无法满足，人们会产生烦恼；而本能被抑制，人们会产生最根本的伤。

我们先来看一看，人们应该具有的天赋本能有哪些类型。

2. 本能的类型

想要了解人类本能的类型，研究成年人是不合适的。因为成年人已经是“被沾染的样本”了。现实的打击，让很多成年人不相信自己可以表达爱，会认为自己天然地不会爱别人；社会的要求，让很多“夹着尾巴做人”的社会人已经不认为自己心中还有攻击性。而相对于成年人，孩童、婴儿在本能的表达上，则显得更为纯净。

所以，理解人们自带的本能，要从婴儿观察，甚至从人们的祖先——生物进化过程中来探索、发现。

在漫长的进化过程中，当生物还是皱囊虫之时，就不仅仅是除了吃就会拉的“造粪机器”，生存的本能这时已经产生。我们为自己的存活打造了一系列的属于自己的生理器官及其对机体的保护机制，如神经系统产生的疼痛感。身体受伤后，疼痛感会驱使我们必须关注自己身体的受伤程度。疼痛感作为保护机制是有意义的。如果一个人没有疼痛感，身体受伤后，对自己的身体无知无觉，在漫长的进化过程中，这样的人是无法活下来的。

同样，很多的抑郁症患者，也经常报告自身会有一些莫名其妙的疼痛。其实这也是机体给出的信号：你需要关注你的健康了。

求生本能是生物在进化过程中呈现出的第一本能。而后，随着进化过程的不断前行，一系列的本能开始分化。

头—尾结构：进可攻，退可守。

如上一章所述，从皱囊虫到鱼的进化，让生物的机体结构产生了头、尾——方向从此产生。求生本能会驱使生物向前捕食，吃掉食物，和对手用嘴厮杀，于是生物进化出攻击本能。鱼儿之间的攻击，都是用嘴，向前进攻的。

因此，这种向前的攻击本能，作为生物进化的成果被保留了下来——攻击可以更好地让生物体活下来，而无法攻击的生物，在漫长的进化中则被淘汰。心理学家对于婴儿早期的攻击、破坏欲研究也发现，婴儿会在出生后进入到所谓的偏执—攻击状态。婴儿会认为自己是全世界的中心，一切不遂心愿的对象，无论是玩具，还是妈妈的乳房，都会成为其撕咬、攻击的对象。这也是心理学发现的人类最早的攻击本能驱使的行为。

攻击引发无尽的战争，世界从美好的伊甸园变成了弱肉强食的修罗战场。有战争必然有成败，进化中的鱼儿们也接受了这样的事实：你不可能总是赢家，总会有输掉的时候。大鱼吃小鱼，小鱼吃虾米。当你在大鱼面前，最好的选择不是成为别人的食物，而是学会逃跑。

仔细观察鱼儿的逃跑方式，你会发现，当和敌人面对面时，逃跑的一方并不是直接立刻掉头就跑，逃跑方会有明显的后退动作，然后再跑掉，也就是向后退缩的方式。

这种退缩的方式被称为逃避本能。

婴儿被巨大的声音吓到，会本能地向后退、往里缩。很多长期活在恐惧中的人，他的肌肉往往是紧张的，因为他的心理世界一直让他感觉自己活在危机四伏的环境中，身体也一直在准备应对凶险的环境。即使别人告诉他，世界很安全，这样的人还是会充满不安和恐惧感。这是逃避本能的表现，这里的作用是避免自己受到伤害。

攻击和逃避的本能在我们身上的表现，会变得丰富多样。攻击本能方面：儿童时期肆意的喊叫，拳脚挥舞，逐渐被社会要求限定为愤怒情绪表达，或是言语攻击；也有的人将之转变为“骂人不带脏字”的高级技巧，具有观赏性的拳击。包括在人际中挑起争端，在事业发展上不断向外扩张，都可以被理解为攻击本能的表现。逃避本能方面：儿童时期的退缩行为、胆怯紧张、哭泣恐惧，成长中越发变得具有掩饰性。躲闪的眼神、回避问题，故意让情景变得幽默而回避冲突。通过戴上耳机来隔绝父母的争吵；通过表现得云淡风轻来抵御内心失去亲人的痛苦；让自己忙碌于工作中而“忘记”糟糕的婚姻关系……也有的人因为逃避本能，提升了自身的情绪感受力和敏锐度，可以很好地体会到他人的情绪感受，这也是逃避本能所产生的有利的方面。

手—脚结构：可占有，可社交。

人类的祖先进化出“头—尾”结构之后，下一个里程碑是“手—脚”结构。这个结构可以用于登陆成为两栖动物，经过漫长的进化后，双手、双脚还可以用于抓取、获得。更久的进化后，双手、双脚还可以通过不同的姿势表达出更多的意义，用于社交、建立关系。

由于手的出现，人们有了得与失的概念。人们的祖先既能从树上摘到美味的果子，也会面临被别人用手抢走的风险。在没有进入自己的肚子之前，果子会有失去的可能。于是，第四种本能诞生——占有，用手抓住的，就是我的，就等于我占有了这个果子。

在心理意义上，攻击与逃避本能，帮助生命体区分出了“我”和“对方”，心理学上称之为“本体”和“客体”。而占有本能又发展出了“我”和“我的归属物”的概念，我用手拿着一个苹果，这个苹果属于我了。正是因为有了归属物的概念，才会在失去的时候产生复杂的情绪以及烦恼。

这些归属物不仅包括物体，也包括关系。例如，很多人在失去至亲的时候，从本能的角度理解，因为自己深爱着奶奶，而现在面对生命的无常要失去奶奶了，所以才会产生强烈的痛苦和哀伤。

随着进化的继续，大脑的发育和社会的分工越发复杂。手抓住苹果的动作可以用来表示“这是我的苹果”，却没有办法表示“我想用我的苹果来换取你的玉米”。于是，动作越来越复杂，人们开始使用身体姿态、声音来表达意义，最后发展出言语，开始进行社交。社交作为最后一种丰富的本能，被保留了下来。

占有本能和社交本能在我们身上的表现，会比攻击和逃避本能更为丰富，策略性也更强。儿童想要占有和社交的时候还可以简单直白地表示“我就想要那个玩具”“我就喜欢我们班小明”。随着年龄的增加，人们在占有和社交的策略性上千变万化：欲拒还迎、欲擒故纵、动之以情、晓之以理、拉拢结盟、刻意排挤……所有宫斗剧的心机都演不完成年人想要占有资源和社交中的谋略。

图 2-1 中按照进化时间罗列出五种本能的进化依据以及产生的情绪、行为的表现，供感兴趣的读者了解和阅读。因篇幅有限，这里不一一展开。更为至关重要的是，这些本能对于每个人来说都是最为基本的元素，如同你的五脏六腑，无论是缺失还是出现问题，都会产生严重的心理困扰，甚至影响现实生活。反之，只有你打开心灵的禁锢，让每一个本能都可以自然地流动：对生命充满热爱，能够在受到伤害、威胁时根据不同的情景表现出自己的情绪和主张；也可以审时度势地选择有效的逃避方式而免于更大的伤害；能够为自己所需的资源表达主张，积极争取而不因过度的匮乏感而过度贪婪；能够在人际中表达出有效的人际态度和社交技巧。这样的

人是心理健康的人，也是活出真实自我的人。

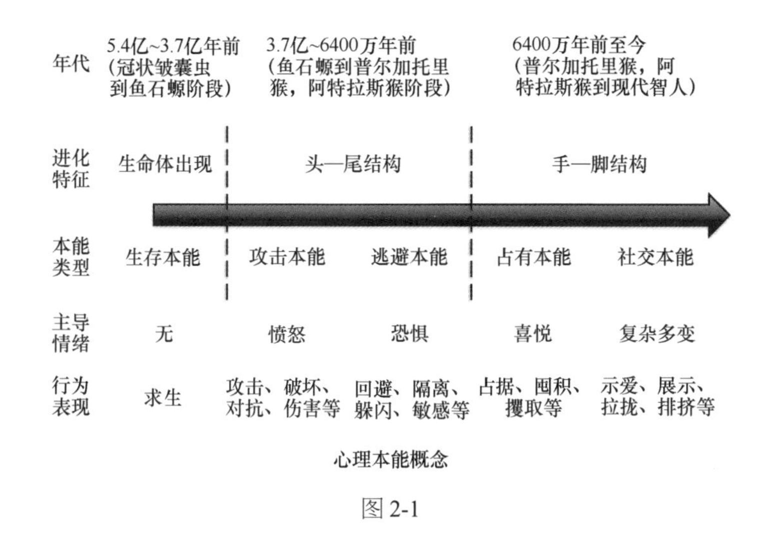

图 2-1

那么，如果本能无法释放，人会出现什么样的问题呢？

3. 抑制本能，产生严重的心理创伤

如果一个人的本能被抑制了，那会是什么样的表现？

很多人明明该去表达愤怒、攻击性的时候，却无法表达。他们看着奇葩说辩手在台上侃侃而谈，言语犀利、观点明确，回想到自己连和同事争辩的能力和勇气都没有。他们总感觉在人际关系中无法表达自己的情绪、观点，这都是攻击本能受阻的表现。

作为全部门很优秀、业绩位列前 10%的员工，Amy 深受领导赏识，同事们羡慕不已。当被问到是否考虑晋升时，她却内心持续

打鼓："我不觉得我值得拥有这些，我觉得我配不上领导的赏识。"这是因为她占有本能受到了阻碍，这会影响职业生涯的发展。

本能人皆有之，为何会受到阻碍，进而影响人生的诸多方面，产生众多烦恼痛苦?

因为人类社会早已不是原始的丛林，人的动物性在成长中必然会受到环境适当的约束。

三四岁的孩子会毫无保留地攻击他人，而父母的管教和斥责会让他明白：不可以蓄意攻击别人，那样很不礼貌。

小孩子吃东西时会把所有想吃的都抓到自己身边，家长看到了，自然也会施以教育："饭要大家一起吃，你不可以把所有的东西都拿到身边。"

适当的本能约束，帮助孩子从充满原始本能的小野兽，慢慢转变为拥有社会面具的文明人。而持续过度的管教，会让本能受到过度的抑制，留下心理问题的祸根。

在咨询中，我见证过很多因为早期家庭教养、父母关系、创伤事件等因素导致的本能被抑制的个案。刚刚提到的 Amy，总认为自己不配领导给她加薪晋升。当谈及她的早期人生，她回想起父母把所有好的东西都给了弟弟，而在背后经常说："给她也没用，早晚她也是别人家的。"虽然她不断地努力学习、努力工作，证明自己一点也不差，但这并不会改变 Amy 早期留下的心理烙印——我不值得拥有更好的。

同样，若兰也曾经说起自己的父母："他们天天都在吵架，我小的时候家里空间很小。无论我怎么关上门，戴上耳机，两个人的声音都在我耳边。开始我还会出去喊，让他们不要吵了。后来……我只是在我屋子的角落里坐着。老师，我知道，我说这些应该是悲伤的，但是我一直哭不出来。”

是啊，表情木然的若兰，听着家中父母的冲突，本想让他们停止争吵，但总是无效。于是选择用戴上耳机的方式去逃避，但仍然无效，最终渐渐地失去了逃避的本能。这也就不难理解，为何她今天在面对自己的恋情时，总是无法向对方表达自己的感情。她并不是表达不出感情，而是麻木的状态让她表达不出所有的情绪体验。

我们无法改变生命早期对自己内心各个要素的影响。但我们需要先清楚以下几点。

（1）理解本能以及本能抑制：**本能随着人们进入社会，必然会被抑制；但若是过度抑制会导致本能缺失，对于个体心理和人生发展将会产生严重的影响**。

（2）对于几项本能的有效理解。

健康的生存本能：拥有对生命的希望感，而非丧失活下去的勇气。

健康的攻击本能：适当场合中适当的攻击表达与进取心，而非无法表达的攻击性和持续的退缩状态。

健康的逃避本能：对于风险评估的敏锐度以及灵活的应对策略，而非对自身以及外界的麻木无觉状态。

健康的占有本能：通过自身努力，获取有效资源的信心和能力，而非对资源的过度贪婪，或是对自我价值的盲目贬损（认为自己“不值得”“不配拥有”）。

健康的社交本能：对各种人以及各种场合，能够表达适当的亲疏关系，而非刻意讨好他人而委曲求全，过度颐指气使，或是离群索居。

（3）本能被抑制，往往来源于个体生命早期外界环境的持续影响。

你的本能现状如何呢？下面可以通过测试来了解。

4. 了解你的本能现状

想要全面地了解各个本能状态，你可以通过测试来了解。

对以下描述内容，进行评分。5 分为非常符合，4 分为符合，3 分为不确定或一般，2 分为不太符合，1 分为非常不符合。

（1）我总喜欢和别人辩论，直接明确地表达自己的观点。

（2）很多人认为我是一个好斗的人。

（3）我有很强烈的雄心——在事业和人生中。

（4）我更愿意选择一些竞争性的运动（足球、网球等）。

（5）我认为很多社会中的竞争是没有必要的。

（6）大家会觉得我是一个与世无争的人。

（7）与别人争论，让我觉得很吵。

（8）我很害怕和别人斗争。

（9）当感受到别人将要发生冲突时，我总有办法离开。

（10）我总能敏感地察觉外界的威胁。

（11）我的肢体很灵活，反应速度很快。

（12）面对不可避免的冲突时，我总相信我有可以解决的方法。

（13）外界的威胁经常会让我僵住：不知所措。

（14）如果惹到别人不开心，会让我非常恐慌。

（15）我不喜欢和人社交，因为我害怕会冒犯别人。

（16）当别人要攻击（肢体、言语）我的时候，常让我回想起一些不快的往事。

（17）我认为我值得拥有很多美好的东西。

（18）获得一份意外的奖金，不会让我感到内心忐忑。

（19）每个人都可以得到更多的钱。

（20）我认为，贪得无厌是无可厚非的。

（21）我不配拥有更好的生活。

（22）别人都得到了应得的回报，只有我得到的很可怜。

（23）我时常感觉自己很饥饿。

（24）我感觉自己被别人抢了属于我的东西。

（25）我很享受与不同的人交往的感受。

（26）我能很好地调节自己以适应别人。

（27）别人都觉得和我在一起，心理感觉很舒服。

（28）社交对于我而言，是一件快乐的事情。

（29）我很难与别人建立亲密关系。

（30）我不想做出改变去迎合别人。

（31）理解别人的感受和想法对于我而言，是一件很艰难的事情。

（32）我宁可一个人待着，也不愿意在人群中。

计分方式。

问卷分为四项计分，其中 1～8 题为攻击本能，1～4 题正向计分（即评分为几分，记录几分即可），5～8 题反向计分（即评分 1 分，反向计分为 5 分；评分 2 分，反向计分为 4 分；评分 3 分，反向计分仍为 3 分；评分 4 分，反向计分为 2 分；评分 5 分，反向计分为 1 分），将 8 道题的分数累加，最后攻击本能得分为＿＿＿＿。

同样，9～16 题为逃避本能，9～12 题正向计分，13～16 题反向计分，将 8 道题的分数累加，最后逃避本能得分为_______。

17～24 题为占有本能，17～20 题正向计分，21～24 题反向计分，将 8 道题的分数累加，最后占有本能得分为_______。

25～32 题为社交本能，25～28 题正向计分，29～32 题反向计分，将 8 道题的分数累加，最后社交本能得分为_______。

结果解读。

首先需要说明的是，心理学测试有很多种。这个测试，主要通过人们的日常行为和信念来判定其攻击、逃避、占有、社交这四项本能的发展以及抑制程度，并不是分数高就很好。一般而言，分数过低（本能项目总分数小于 18 分，满分 40 分），往往代表该本能的抑制程度较高，分数越低，被抑制的状态就越明显。分数过高（本能项目总分超过 30 分），也需要你考虑一下，这项本能，是不是被过度发展了，即社会化程度较低。

攻击本能：主要表现为对外界表现出自身的攻击性，好展示，乐于竞争（无论在体力或脑力方面），也会表现为某种雄心壮志或者勇敢的特征。

攻击本能被抑制（分数低）的表现：在日常生活中，难以表现出自身的攻击性和很多愤怒、暴躁等强烈的情绪，会将情绪自我压抑；有的人，会选择回避一些高竞争性的工作、运动和生活方式（如辩论、对抗性运动、说服他人的工作等），容易产生抑郁情绪、无力感以及相关的身心疾患。

攻击本能过度发展（分数高）的表现：高攻击性、好斗、过于亢奋，习惯通过辩论、争锋的方式与外界建立关系。人际关系容易变得紧张，健康方面容易受到高血压、心血管类疾病的困扰。

逃避本能：表现为能够对外界的威胁有所觉察（预先），并可以使用适当的方式逃避威胁，解决威胁，而非采取过当的防御，变得恐慌，或进入情绪麻木的隔离、停滞状态。逃避本能会很好地发展个体的心理敏感度。能够很好地帮助人们使用感知觉去感知外界，尤其是在被威胁的场景。

逃避本能被抑制（分数低）的表现：在面临威胁时，会产生过度的恐慌，进入不知所措的停滞状态。选择对情感隔离，或是进入类似鸵鸟的状态——假装、幻想威胁消失，情感麻木、目光呆滞。

逃避本能过度发展（分数高）的表现：过度的敏感性、高应激性。每天需要消耗大量心理能量来应对外界随时而来的刺激。容易误解别人的感受和想法，以为会对自己造成伤害。疑神疑鬼或远离尘嚣，容易产生焦虑类的心理疾病以及一系列的消化道疾病——肠激惹、胃肠类炎症。

占有本能：表现为想要占有和获取更多资源的行动。主动获取属于自己的资源（然而事实上，往往比自己想要的更多），并认为自己值得拥有更多的资源，也可以理解为一种对资源的进取心。可以在一定程度上平衡自身欲望以及外界的给予，而不会过于贪图，或者过于自卑。

占有本能被抑制（分数低）的表现：在资源获取的情景，如获取金钱、商业谈判中，经常认为自己不值得拥有更多的资源；即便获得了一定的资源，也会常常认为自己不配拥有。严重者，会产生持续的心理匮乏感，如缺乏被关爱，缺乏被物质满足等。

占有本能过度发展（分数高）的表现：无尽的贪婪、无度的渴求，如同永远无法吃饱的饕餮。也有甚者，不在乎资源获取的方式（可能是剥削、欺诈甚至是使用一些险恶的手段），并认为自己获得无尽的资源是“理所应当”的。

社交本能：表现为能够与他人建立良好的、符合共同利益的社交关系。能够在合适的场合做出合适的表达（发展出适切的人格面具）。在亲密（爱）、理解他人（共情）、合群（社会化程度、丰富的人格面具以及人际策略）方面，发展良好。

社交本能被抑制（分数低）的表现：在社会交往中表现出过度的退缩行为，或对自己价值感认定较低，认为自己在人际关系中不够优秀，自惭形秽；或缺乏有效地理解他人的能力；亲密关系建立困难；人际策略也较少，有时会幻想自己可以离群索居、归隐山林等。

社交本能过度发展（分数高）的表现：过于社会化，过于为他人考虑，忽略自己对被理解、被关爱的需求；过于世故圆滑的社交策略和能力（人们通常所说的“老油条”、社交高手）；或者在现实生活中，对自身的利益诉求关注太少，处于委曲求全的社会生活状态。

测试自己的不同本能状态的目的，并不是为了盖棺定论，而是可以从以下方面去思考。

（1）对每个本能的思考。

先无论每个项目分数的高与低，我们要找到形成这种状态的原因是什么。有的原因可能会很容易想出来。例如，一个人社交本能过高，可能是因为自己一直在做着需要过多社会面具的工作。在以往进行测试中发现，很多企业管理者、职业讲师的社交本能分数都比较高。

当然，很多原因由于过于久远，不会那么容易想到。需要我们对自己的人生早期经历有更为完整的探索，才能抽丝剥茧、找到问题的本源。

（2）本能之间的组合形态。

不同本能高低的形态组合，可以更为完整地勾勒出一个人的整体表现。例如，如果一个人的攻击和逃避本能都很高，你会发现他属于“拳击手”类型的人。可以很好地表达其攻击性，也可以很灵敏地应对对方发起的反击。而那些攻击本能很高，逃避本能很低的人，更像是莽夫——只是一味地与外界对抗，缺乏有效的灵活度。同样，一个人如果占有本能很高——对外界充满了欲望，但是攻击本能和社交本能都被抑制，往往会产生一种“郁郁不得志”的感觉。想要更多，但是又没法建立有效的社交，也没有支撑起野心的能力，难免会郁郁不得志。

（3）系统地了解本能现状，有意识地提升调节。

了解自身本能的现状之后，可以进行有意识的调整和改变。刻意地对本能提升可以帮助你保持平衡——让不足的本能补一补，让过高的本能泄一泄。多学习学习别人是怎么辩论和表达的，进而增加自己的攻击本能。学习冥想和正念的方式，让自己强烈的占有本能降低。不够灵活的逃避本能，也可以通过拳击中的躲闪术练习来补充。

5. 原生家庭对本能的影响

本能的高低会受到外界的影响。每个人天生都会有自然而然的攻击、逃避、占有以及社交的本能。但成年之后，各个本能的状态已然千差万别。

最主要的原因来源于外界的影响，而原生家庭作为影响源，从你出生开始就已经在塑造你的本能了。

比如，贫穷作为一种状态，会不会通过原生家庭一代代传递下去？

当然，这里并不是说赚钱的能力，而是对于金钱的匮乏感。每个人在成年后都会通过自身的努力赚到钱，但对于钱的满足感是个主观概念。

有的人，拥有很多钱，仍然感觉不够，这源于原生家庭给予的富足感不足。

曾经有一位来访者，在很多周围朋友看来，她已经属于不差钱的人了。拥有自己的车子和房子，还有体面的工作和生活。但最让她困扰的是自己为何总是跳不出不断想要赚钱的魔咒。

"总感觉自己还想要更多。隔三岔五会把自己各个账户的钱清算一遍，几千万算完虽然可以给我带来安全感，但这种感觉很快就过去了。我也不知道自己是怎么了，钱对于我而言，有无尽的诱惑力。"

原来妈妈在她小时候经常和她说"家里穷，没有钱给你吃穿""钱是好东西，有了钱才有安全感"。这也就不难理解为什么她有了很多钱后还依然不断地想要赚钱。

事实上，又有多少孩子，从小因为原生家庭中父母的匮乏感，经常听到类似的话：

"家里哪有那么多钱给你买这买那？"

"吃吃吃，除了吃你还想什么？就你吃得多！"

"不给买，我没有钱，找你有钱的爸爸去！"

持续被这样的信念影响、占据内心的人们，开始产生"我不够"

或者“我们家不够”的匮乏感。随着人的成长，要么通过持续的获取、占据，甚至不择手段的剥夺来补足内心的匮乏感（高占有本能的状态）；要么在内心深深地认为自己不值得拥有更多，从而退缩，占有本能很低。

这便是一种心病。病根是匮乏感，它让你失去了对占有本能的合理对待。

无论如何，难以得到平衡的本能，背后往往是原生家庭日复一日、年复一年的信念植入所产生的根深蒂固的影响。同样，想要改变一个家族的命运，也需要很多代人的努力。

这种努力，不仅表现在现实中，更表现在心理上。

曾经有个经典的说法，“贵族家庭需要三代人的培养”。这里的贵族指的是精神上和物质上都拥有富足感的人。三代人的培养，并不仅仅是赚钱能力的提升，更是对个人乃至家族精神富足感的提升。

第一代，白手起家，依靠自己的努力，实现了财富自由，创办了自己的企业，成为一方富豪，但是内心仍然受着原生家庭贫穷记忆的影响。

虽然物质上得到了极大满足，但内心还携带着匮乏的记忆。最常见的思维是“可不能让我家孩子和我当年一样”。不仅满足孩子的需要，甚至还要过度满足孩子的需要。能给的给，不能给的想办法给，反正自己有钱，往往会认为一切都是可以买来的。孩子不再产生匮乏感，占有本能得到了极大的满足：“我什么都不缺，而且我也认为自己天经地义地该拥有一切。”但除此之外，这样的孩子往往会有一种无力感：对于自己无法掌控局势的无力感。

很多类似家庭的孩子，虽然衣食无忧，但总会有一种“这不是我想要的”。由于父母让孩子的物质生活得到满足的时候，并没有真正地清楚孩子想要什么。从心理本质上，父母对孩子的无尽给予，满足了自己的内心感受——“我终于不穷了，我什么都有，看我很牛吧”。孩子不仅能感受到充足，甚至会产生排斥和反感，这种感觉如同你已经吃饱了，但爸爸妈妈还在不断地往你嘴里塞山珍海味。这个时候，好玩的玩具、珍馐美馔不再带来美好的体验，反而变成了一种攻击和伤害。

有进攻，就会有逃避。当孩子感受到自己被极大满足的物质攻击时，逃避本能就会被激活。久而久之，逃避本能会转化为对家庭的逃离——不愿意选择和父母一样的生活方式、职业发展、成功模式；也有的人会在一定程度上表现出对于精神、文化方面的兴趣——对艺术、心理、精神的更高追求。

在对艺术院校学生进行的咨询中发现，很多学生的家境都很殷实，他们选择艺术之路，往往是想要和父母“划清界限”。“我不想过和他们一样的人生”，是他们的心声。

正由于第二代孩子一方面拥有家庭的殷实财力，另一方面因为自身选择了有精神追求的方向，能够开始在物质和精神两方面都得到满足，进而开始考虑如何有效地平衡。这一代人在培养孩子的时候，会考虑孩子的各方面本能以及心理感受。

他们不再过度地满足孩子的需要，而是可以敏锐地关注孩子的需要，又可以和孩子探讨他们无尽的欲望，积极引导孩子设立底线。并且，即便家境不错，他们仍然会鼓励孩子依靠自己的双手创造价值，进而发展出属于自己的核心技能，探索出属于自己的人生方向。

在人生方向上，这一代父母可以坦诚地和孩子交流，为其提供力所能及的资源，适当地将自己的社会资源分享给孩子，并鼓励其创造自己的事业。这一代人，才可以真正称得上物质和精神都得到满足的“贵族”。

所以，从本能和原生家庭的方面理解，贵族的培养确实需要三代人才能实现：第一代白手起家；第二代是精神追求者；第三代才真正成为贵族。

6. 超越本能：人不仅是动物

人性是复杂的，即便我们按照路径去培养贵族，也难免会培养出“残次品”。有个电影叫《半个喜剧》，里面有一个叫作郑多多的角色，属于走上了“残次品”路径的人：可以说是一个不折不扣的富二代，自己的父亲是大公司的副总裁。即便马上要和自己的未婚妻结婚，还在用一个接一个的谎言欺骗其他女孩子的感情。还不惜利用和控制自己的好兄弟，并让他一起欺骗自己的未婚妻和其他女孩，可以说是不折不扣的渣男了。

在电影的最后，郑多多没落到好下场——被欺骗的兄弟说出真相，婚礼现场解除婚约，大家看清了他渣男的本质。同样是原生家庭十分富裕的家庭，他为什么会走上这样的道路？

如果你的家庭总在给你不想要的东西，你可能会逃离，从此走上和家庭不同的道路；或者，你也可能会沉溺于“不劳而富”的满足中而不可自拔。

郑多多恰恰属于后者，他不仅享受了家庭给予的财富，更从父母那里学会了用名利来控制别人的方式。从他用各种方式来控制自己的兄弟就可见一斑。他在童年时被父母所控制，想逃却逃不开，被剥夺了逃避本能，虽然知道自己不想要这样的生活，但也离不开放不下，成了万能的父母下无能的孩子——所谓的无能，也就是失去了自我。继续重演父母的模式，相信钱和资源可以解决一切。说到底是因为他怕失去金钱。但是他不明白的是：**失去金钱，可能会失去很多；但失去自我，会失去一切。**

因为，**人和动物的本质差别在于，人拥有自我**。自我可以帮助我们做出更多自主的选择。动物性的本能虽然可以驱使我们拥有很多的金钱和资源，但是人追求自我实现的历程可以帮助我们成为心目中真正的“贵族”。所谓的贵族，并不一定必须是金粉世家，也有可能是坚守清贫的国士、桃李满天下的教育家……他们超越了动物性的本能，**实现了自我，成为真正的贵族**。

超越本能，指的是人追求自我实现的本能。表现为对自我的探索，发现并实现自身潜能的过程。无论你选择和世界一致，抑或是与世界对抗，超越本能试图让你从原有的本能、欲望的循环中跳出来，反思自己的人生，寻求真实的自我实现。超越本能的发生，往往不会在人生的早期出现，而更多地出现在拥有更丰富的人生阅历后，如遇到重大挫折、持续的心理探索、中年危机等时机。超越本能会让你重新审视自己的人生，并找到属于自己的道路——实现自我。

这里也给大家举个例子。

《太极张三丰》是一部经典的武侠电影。其中张君宝（也就是后来的张三丰）和张天宝（后来的大反派）很能表现人生的两种选择。

小时候，君宝和天宝都因为穷而来到了少林寺做小和尚。但是从最开始，两个人就表现出了很大的不同。师父和天宝说：“你很有佛家慧根，你看你从来都不吃肉的。”天真无邪的天宝说出了实话：“那是因为家里穷，没有办法吃到肉。其实，我好想吃肉啊……”

这句让师父尴尬的话，却也道出了天宝的欲望。天宝虽然已经入了佛门清净地，但是攻击和占有的本能都无比的强；寺院比武必争高低，为获得公公欢心不惜伤害自己，伤害别人，为了加官晋爵，不惜出卖朋友。

而君宝，一直是“傻傻”的，学武功也比较慢，也不为名利；觉得自己有个安稳的地方生活就很好，看到天宝追求功名利禄，也尊重他的选择，直到被背叛，失去了自己最重要的朋友，才不得不开始了一段“每日三疯”的历程。

在这段时光中，君宝成了一个“疯子”：神魂颠倒，听不懂人话，每天沉浸在自己精神错乱的世界里。

对于一个普通人而言，会觉得张君宝这是疯了，是精神分裂的表现。但在心理咨询师的眼里，这也可能是另外一种表现——遭遇外界重大打击后，对人生反思的阶段。心理学上称之为退行状态，即退回到人生早期，失去正常的社会功能，持续沉浸在自己的内心世界，寻找精神上的突破和超越。

其实很多心理学大师都有过这样的历程。分析心理学的创始人卡尔·荣格，在和弗洛伊德决裂之后，陷入了很深的精神错乱和崩溃的状态。但正是这一段时光，让他体悟到了心理学、哲学、宗教以及各个方面之间关联，整合出了属于自己的分析心理学流派，自己也成了一代心理学大师。

同样，张君宝在“退行”状态中观察自然、体悟内心。发现这个世界上的贫与富、刚与柔、黑与白都不是绝对的。“视名利如过隙，视前尘如梦境，清净为天下本。刚则折，柔恒存，柔羽胜刚强。

无欲无求，淡泊之至，终能疾雷过山而不惊，白刃交前而不惧。”从此开山立派，成了一代大师。

当你受困于动物性本能的争夺攻守之间，看不清的人就会被自身本能驱使，停不下来。而**超越本能，借由人生阅历、内心探索，帮助你看清**自己被什么所累，看清如此下去的宿命，才能跳出循环，真正地追寻自我实现之路。

这也是心理学对世人最大的价值——让你看清你到底在被什么驱使着；使你知道如何成为自己生命的主人。

03 三、烦恼的呈现：情结

面对烦恼时，人们常常会感受到强烈的情绪：

“工作中加班的总是我，最后不被理解的也是我，好生气，又说不出来……”

“自己工作忙没时间照顾孩子，心里很愧疚。可是他还总是玩游戏，弄得我总是不断地对他发脾气。”

“明明应该流泪的，却在假装微笑，活得好累。”

情绪千变万化又错综复杂，这些复杂的情绪构成了人们的情结，也呈现出了人们的烦恼。

理解情绪，才能理解情结；理解情结，才能看清烦恼。

1．情绪无好坏，坏的是未被表达的情绪

我四岁的女儿在家里第一次看到了爷爷做的窝头，虽然孩子以前见过没有“窟窿”的馒头，但是窝头独特的制作方式激发了她强烈的好奇心。她很想拿一个窝头来试试，自己也做一个。但是因为没有洗手，孩子的愿望落空了，奶奶拦住了她。于是孩子生气了，一个人跑到了房间最远的位置生闷气。

你可以想象，那种受气之后不情愿的表情吧。

“是不是因为不让你摸窝头，所以不开心了？”奶奶问。

“是啊。”小嘴噘着，一看就是在生闷气。

“因为你需要先洗手啊，洗了手才可以碰窝头啊。”

没想到，刚刚听到洗手两个字，孩子已经抑制不住，直接跑去卫生间洗手，然后麻利地回到厨房和爷爷说：“我也要捏。”

虽然捏的造型不敢恭维，但是孩子很开心。奶奶问了一句：“开心了吗？”

孩子回应得很爽快：“嗯！开心！”

看到这里你会发现，孩子在表达情绪时，更为简单明快——遇到没有满足的欲望，好奇心受到阻碍，就会直接产生情绪——愤怒。孩子不会敷衍地告诉你“我没事”，而是会直接生气。一旦想要摸窝头的欲望被满足之后，就开心地蹦来蹦去。孩子的快乐，就这么简单。

从心理学的角度看，这样的例子可以让人们产生很多思考。满足了她的欲望，会给孩子留下什么样的心理印象？如果欲望没有得到满足，孩子后面的表现可能是什么？进而会对她的未来造成什么样的影响？虽然只是小小的“窝头事件”，但是否有可能会给孩子留下更多不一样的记忆？

首先，因为孩子生闷气了，家长会过来和她沟通。这是很典型的关注孩子而非忽略其感受的行为。虽然孩子心理上会感到满足，但也会产生另一种可能性。孩子可能会意识到“生闷气是有用的，会有人来关注我、回应我”，所以情绪变成了控制父母的“招数”。而且我在后来的观察中发现，我家孩子也会在一些情况下使用生闷气的招数：小嘴一噘，一个人“自闭”地待在角落。但是眼神会偷偷往外看。因为她内心相信，家长会关注到她的。这种模式成了她的策略，因为有效自然就保留了下来。

当然，我们来设想另一种情况，家长当时没有及时关照到孩子的感受，也许家长正在忙，或者父母本身就不具备关注孩子情绪的能力。这时，孩子生闷气的策略就没用了。没用的情绪策略，人们往往不会继续使用。可能转而升级情绪：从生闷气变成大喊大叫的暴怒情绪；也有可能转化为委屈的情绪，开始兀自哭泣、悲伤；也可能一会儿就忘记了，但是会留下对情绪隔离的模式。

要知道，多年之后，孩子也许记不住当时的细节，到底捏了一个窝头还是两个窝头，到底是奶奶和自己沟通的还是妈妈和自己沟通的，但这件事引发的情绪会一直留在孩子的心里。并且，我们要知道，无论大人还是小孩，无论从经验上还是脑科学角度来看，相比事件本身，人们对于情绪的记忆会更强烈。

有一个在亲密关系、职场关系等各种人际关系中总是感受到委屈情绪的来访者，通过咨询发现，他小时候在和父母的互动方式中，委屈也是很常用的方式。

曾经一位来访者，常年在人际关系中处于弱势的地位，无论是面对男友的不满、领导的否定，还是同事的议论……她很清楚，这些并不是都在说她是错的，甚至有很多仅仅是一个玩笑。但是她的第一情绪反应都是委屈“我又犯错了”。

经过多次的咨询后，她看清了委屈情绪来源于父母的指责、姐姐常年的强势和排挤。她宣泄出深藏于心的情绪后，最后总结了自己的咨询感受：

“以前面对别人的一点点指责，我的第一反应就是委屈，感觉自己像一个犯错的孩子。委屈之后还很讨厌委屈的自己，从而压抑委屈的情绪。咨询之后，我才意识到，委屈的情绪并没有错，它反而一直提醒我——你委屈了，你应该看看自己怎么了。现在，我看清了情绪背后的问题，我不需要活在别人的否定和批评声中了。”

情绪本身没有好坏，有问题的是我们会忽略和压抑掉一些情绪。因此，作为一个健康人，每种情绪都应该被顺畅地表达出来。而那些没有被顺畅表达出来的情绪，往往会郁结于心，形成一个个的“结”。被老板骂，无法适当地表达愤怒而陷入无力、抑郁的情绪中；面对亲人的亡故，无法表达悲伤不舍而郁结于心……种种留存于内心的无法表达的情绪，久而久之，无法表达，更无法释怀，最终成了一个个过不去的结，即为情结。

情绪无好坏，坏的是无法表达、被憋住的情绪。**只有全面地了解情绪，并从中找到过往卡住你的情绪，才能看清烦恼的来龙去脉。**

2. 情绪是通往心门的钥匙

对于情绪的分类，不同国家和地区的人们有着不同的理解。中国有“喜怒忧思悲恐惊”的七情之说。在西方，科学心理学做了五类情绪的区分。动画片《头脑特工队》(*Inside out*)里生动地用五个小人儿来代表这五类情绪——黄色活泼的小人儿，叫 Joy（欢乐）；蓝色忧伤的小人儿，叫 Sadness（忧伤）；紫色的小瘦人儿，叫 Fear（恐惧）；红色，头发如同火焰一般的小人，叫 Anger（愤怒）；一脸嫌弃的绿色小人儿，叫 Disgust（厌恶）。这个动画片在制作过程中邀请了很多心理学家共同参与，而其中的这五种小人儿代表的是人们常见的五种情绪——快乐、忧伤、恐惧、厌恶和愤怒，它们被认为是人的基本情绪。而且动画片中还揭示了心理学对于情绪的观点：情绪可以混合，混合起来的情绪叫作复合情绪。比如把恐惧和愤怒的情绪混合，焦虑的情绪就产生了。**基本情绪和复合情绪构成了我们的情绪世界。**

基本情绪，往往指最简单的、不可再拆分的情绪。不同的情绪理论总结出的基本情绪总数量不同，但都不会超过七种。而如果算上混合起来的复合情绪，人们可以体会到的情绪则难以穷尽。想想单单是开心这件事，就可以混合出很多种不同类型、不同程度的开心——狂喜、幸福、喜悦、窃喜、沾沾自喜、喜忧参半、得意扬扬……如果一个开心就可以说出这么多的情绪，那其他的会有多少种细致的复合情绪呢?

记得在我的学生时代，我的咨询心理学老师会拿出一张情绪词汇分类表，足足列出了500个词汇。而且要求我们对于其中的情绪做细致的分析并逐一体会。当年我们不以为然，觉得了解几个基本的情绪就可以了。然而随着咨询经历的增加和对人情世故的更多体会，我越发地意识到，能够细致地把握情绪细节是多么的重要。

每个情绪都是通往心灵的钥匙，而且这些钥匙看起来是如此相似，其差异如同钥匙上面的齿。虽然是丝毫之差，但如果忽略掉对差异的把握，就会让你失去对这个情绪的体会，更无法打开别人的心门。

两个朋友有过这样一段对话。一个人说："我觉得我现在的生活特别开心，每天都特别有活力。"

而对方回应："嗯，你觉得自己挺幸福的。"

"开心"和"幸福"都属于快乐类型的钥匙，但细节的"齿"则不同。开心是一种向上的、如同气状的感觉，更轻盈；幸福是一种稳定的、实实在在的满足感。用稳定的满足感替代别人所说的轻盈的快乐感，对于大众的日常对话，或许可蒙混过关；但对于心理咨询这种要求对来访者的情绪感受体会极其敏锐且准确的工作，这种做法则会失去来访者的心。

在做咨询督导的时候，我经常会看到来访者因为自己的情绪没有被咨询师精准地理解到而心生异议，进而选择结束咨询的场面。

例如，“嫉妒”和“羡慕”、“恐惧”和“惊慌”、“烦躁”和“焦虑”、“羞耻”和“羞愧”……每组情绪虽然看似差异不大，但在人们内心中的体验则相差甚远。如同两把相似的钥匙，虽然只有一两个“齿”不同，但就是打不开心门。

所以，如果错误地理解了他人的情绪，哪怕是对细节的误解，也会让对方关上心门；**只有能真正感受别人的情绪，并把握细节，才能打开对方的心门，触及对方的灵魂**。

如果想要找寻通往心门的钥匙，就需要先从了解基本情绪的分类开始。

按照人类进化历程：头—尾、手—脚结构，演化产生了相应的本能，进而也有了对应的情绪。向前代表进攻性，典型的情绪是愤怒，直接产生的本能是攻击本能；向后代表退缩性，典型的情绪是恐惧情绪，直接产生的本能是逃避本能。然后生物发展出了手和脚，得到东西，我们会开心快乐，这就是喜悦感的来源，激活了占有的本能；失去东西，我们会忧伤、哭泣，带来了悲伤感的基本情绪。愤怒、恐惧、喜悦、忧伤是最基本的情绪，也就是最本源的四把钥匙。为了更好地理解，我们为这四把钥匙标注上颜色：愤怒——红钥匙、恐惧——黑钥匙、喜悦——黄钥匙、忧伤——蓝钥匙。

四种基本情绪，添减融合，形成了无数的复合情绪。但无论复合情绪有多少，都有其基本的属性，也就是基本情绪的这四种基本属性。红钥匙愤怒家族：暴躁、狂怒、压抑的愤怒、敌意、热情……无论其差异如何，都是愤怒家族的；黑钥匙家族：惊恐、恐慌、惧怕、惊惧……都是恐惧家族的；黄钥匙家族：开心、喜悦、幸福、窃喜……都是开心家族的；蓝钥匙家族：忧郁、孤独、悲伤、感伤、悲怆……都是悲伤家族的。

除此之外，有一些颜色混合过于复杂的情绪钥匙。比如，夹杂了恐惧和忧伤的无力感，夹杂了羞耻和愤怒的恼羞成怒，夹杂了喜悦和忧伤的喜忧参半……这些复合情绪很难说到底是什么颜色，如同经历了多年生活洗礼的夫妻，难以说清自己在婚姻中的情绪感受，最后说这叫“百感交集”。这种百感交集如同一堆颜料涂抹在生活的这张白纸上，最后已经看不出本来的颜色了。一个常年压抑自己感受的人，只有感觉到内心无比痛苦的时候，才会寻求咨询师的帮助。而咨询师的内心也会是“百味杂陈”——因为只有抽丝剥茧，一层层地解决和面对来访者的问题，才有可能还原其本来面貌，看清这些压抑的情绪背后的原因是什么。否则这一团情绪的乱麻，就只能一直堵在心中，成为一个结。

这个结，可不是什么精美的结，而是大结套小结，小结套疙瘩，环环扯不开的一团乱结。

3. 跳不出情结的圈，只能成为烦恼的附属品

你有没有一些从内心里无法接受的人，或者一些自己接受不了的情景和画面？

就像有人会害怕看到分离的画面，哪怕是电视剧中和自己无关的人物，看着看着自己就哭成了泪人，比电视里演的还要真实。

有人会特别无法接受那些自私自利的人，一旦遇到，就义愤填膺地要和对方拼个你死我活。但事实上，这个人和自己没有任何利益关系。

有人害怕小动物，明明它们很可爱，却不知道自己为什么害怕。

有人经常感觉自己活在没有意义的人生中，即便别人觉得他活得已经很上进了。

几千年前，老子就曾用“水”来比喻人的理想状态：“水善利万物而不争，处众人之所恶。”人也应该如同水一般，清澈透明，自然地助万物生长，同时也可以避高趋下、洗涤污淖、自然而然，没有过不去的坎，没有受不了的人和事。

但作为凡人，我们却有如此多的坎儿，这些心中的千千结，心理学家称之为情结。

情结这个词在心理学领域被无数心理学家提到，弗洛伊德、皮尔斯、荣格都提过类似的概念。然而严谨地说，还是荣格最终提出来了这个概念。他认为在我们的潜意识中，藏着很多人生成长历程中的按钮。这些按钮形成于过往未被实现的心愿和习惯性的模式。一旦这些按钮被现实生活中类似的情景所触发，人们就会做出一些不受自己控制且带有强烈情绪的行为。这时，平时的理性、得体都会失去。例如，在飞机场遇到一个不排队的人，你虽然会有一些气愤，但是你也会在头脑中想，是不是他马上要登机了所以比较着急，虽然心中还有一些不悦的感受，总还是可以接受。但如果你曾受过不守规矩的人的刺激，比如小学时曾因为被不公平对待而耿耿于怀，那么很有可能这个情结的按钮就会被触发。强烈的愤怒情绪不可遏制，导致你根本没法理性思考，抓过不守规矩的人来理论。在这些经常会让你失去理智、进入情绪失控状态的情景中，往往蕴含着你的情结。

情结一般产生于人生的早期，也就是十八岁以前。当然，成年后人们也还有产生新的情结按钮的可能，只是年龄越小，情绪的主导作用越强，产生情结的可能就会更高。一般情况下，成年人是无法和三四岁的孩子讲道理的。因为当他们进入到自己的情绪中，任凭你是他的亲生父母，还是他平日里最亲密的人，他都会把你当作妖魔鬼怪一样对待。孩子不懂道理，因为在他的世界里，他就是唯一的道理。

多年之后，这些小孩子会长大，他们是否还会记得这些事件？恐怕早已消失在记忆的大海中。但是内心的小孩子以及情绪仍然停留在那个时刻——我当年没有拿到第一名，所以我很生气；我妈妈没有给我买东西，所以她不爱我，我很委屈……这些情绪卡在了内心，阻碍了人们的理性发展，但凡遇到类似的情景，内心的情结按钮就会激活，情结开始发挥作用。

当年将“Complex”翻译成“情结”二字的译者，真的很有智慧——这是一个复杂的结。**这个结平时看不见也摸不到，但一旦触发，就成为过不去的结**。例如，公司进行关键的晋升考核，你仅仅差 2 个绩点，屈居第二，你会产生强烈的愤怒感。虽然你已经是一个成年人了，知道该用文明的方式去解决问题。但是你还是控制不住地去和上级领导据理力争，甚至拳脚相向。一段时间过后，即便你的内心已经平复，但是一旦遇到类似的被外界不公平对待的事情，都会激活你内心那个愤怒的小孩子。

情结的产生，和两个方面的影响有关：**个体在生命早期的成**

败体验；个体早期受到原生家庭的影响。成败体验包括诸如个人在和同伴（同学、玩伴）相处以及竞争中的成败感受：是被喜欢还是被嫌弃，学习是成功的还是失败的等方面。原生家庭方面包括父母的教育方式、家庭氛围以及兄弟姐妹之间的关系等。而这两个因素也会相互影响，如原生家庭中的兄弟姐妹竞争，对你产生的成败感影响……这些早期的事件会让人们产生一定的惯性模式和情绪体验，进而影响你的一生。

曾经一位女性来访者前来进行婚姻咨询。结婚前，她认为自己的老公是理想的伴侣，自己一生的真爱；结果婚后她才意识到，他就是人们所说的“妈宝男”。进而对老公产生了强烈的嫌弃感和无尽的抱怨。两次心理咨询后，她意识到，她和老公的关系模式像极了她爸妈之间的模式，尽管她想要跳出原生家庭的影响，现实中却在不断重复上演父母间的模式。

“我妈妈和我说了一辈子，千万不要找你爸爸这样的男人，外表帅气，内心长不大，什么都不会，还觉得自己很牛。”她和我说。

“那你有和妈妈了解过，为什么她一直抱怨，仍然和你爸爸过了一辈子吗？”我问她。

“嗯……还真的不了解。”她开始沉思。

“那同样，你之前也说过你老公也是如同爸爸这样的人，你也在抱怨，却从来没有和我说‘我不想过下去了，老师我们来聊聊怎么离开这段关系’。你虽然在不断地抱怨，却没有想过离开，我能知道背后的原因吗？”

“我确实……没有想过原因。”

“所以你会发现，妈妈抱怨了爸爸一辈子，没有解决也没有离开；而你也在做同样的事情，找了同样类型的人，也同样没有改变。

那么我只能理解为，抱怨的背后是对你有获益感的，也可以理解为一个愿打一个愿挨。当你看不清你以及妈妈为什么会寻找这样的男人，让自己活在抱怨中而不愿意改变的原因的时候，我甚至都可以预测你的未来、你孩子的未来了。”

一个人若跳不出情结的圈，如同拴在磨盘上的驴，操劳一生，内心却一直在原点循环。

一个家族若跳不出一代代传递的情结，世世代代都会成为情结的“牛马”。

接着，我和她说：“你看，当一个男人外表高大帅气，难免会让其对象产生某种心理感受，一般是觉得自己可以被保护、被照顾；而真正到了婚后，才发现其实对方内心是个没长大的孩子，除了内心被欺骗的感觉以外，往往也会激发出一定的母性。你也说过你妈妈一边抱怨，一边也帮你爸爸把他的事情都做了。听上去如同一个唠叨抱怨的老妈妈。”

看她不断思索的同时也在不断地点头表示认同。

我继续说：“所以，看上去你们都在抱怨自己的老公，但也形成了抱怨的妈妈和扶不起的阿斗的关系模式。要是真的不想留在这样的关系中，索性告诉自己的老公‘你的事情你自己做，老娘为什么要伺候你’。”

她笑了笑，说：“真的是，我妈当年一段时间借调，那段时间我爸也能自己照顾自己。但是我妈一回来，就打回原形了。”

然后，她又问：“那老师，为什么我就不能离开这样的男人呢？”

“开始就说了，因为这样的男人会给你可以被保护的想象。感觉自己内心的小女孩是可以被保护到的，这种心理满足感会一直存在。虽然这种内心的关系在婚后转变为唠叨的妈妈对孩子的关系。

但如果真的要离开，你内心的小女孩又由谁来保护呢？”

通过外形，唤起女孩子内心渴望被保护的小女孩。于是她一生都活在渴望被保护的情结中，当得不到保护时，她就会想用母爱来激发对方长大，然而总是无可奈何，活在抱怨中；她又离不开，因为离开的话，仅存的一点点可以依附、被保护的感受也会消失。看不清情结，只能成为烦恼的附属品，这样做真的值得吗？

而对于大多数人而言，一生都活在自己无数的情结中，才是生活的真相。

4. 成也情结，败也情结

2005 年开始，我在高校里给学生、老师做心理探索与成长团体咨询。十几年的时间不仅提升了我的专业技能，更让我见证很多人现实和内心的成长。

在心理成长的团体中，有的人发现自己总是害怕竞争的原因来源于小时候父亲持续的打击和贬损。所以，每次一到公开演讲等类似的环节时，他满脑子的声音都是：“你行吗你？你根本不行！”

面对权威的话题方面，有的人发现自己总是在用示弱的方式同权威建立关系；有的人总是以挑战的方式与权威建立关系；也有的人发现，自己不仅对于权威，包括很多关系，都分不清自己和别人的高下位置，总是弄得自己和别人很尴尬。

有的人可以听清周围同事的话里有话，避免了很多职场中的坑；有的人从不相信别人会爱自己，甚至总要用伤害彼此的方式建立亲密关系……

在十几年的团体带领经验中，我总会遇到这样的问题："老师，如果一个人不改变情结，难道就不可以吗？改变想法很容易，改变内心的情结和这种模式，好难。"

遇到这种情况，我经常回答："当然可以。首先你看，多少人一辈子都不知道心理成长为何物，照样也活得挺好。只要活在世间，不可能没有心理情结。我们的成长环境总是不完美的，爸爸妈妈不可能完美地照顾你，所以情结总会有。"

"但为什么有的人不探索、不心理成长也活得不错呢？其实很多人的情结选择了相匹配的人生。害怕人群的人选择了跟机器打交道的工作；小时候是孩子王的人，更愿意成为职场中的领导者……所以，人们的心里是很聪明的，它会选择符合你情结的人生方式。"

这时，一般会有人问："那按您这么说，我们都可以不用做探索成长了，只要看清自己的情结，就可以按照它去选择相应的人生方式活着就好了？"

我笑笑说："问题就出在这里。可以根据情结寻找符合其模式的人生，但环境可不会总按照我们的想法发展。**一旦环境变了，情结就不适应这种生存方式了（见图 3-1）**。搞技术工作的人工作做得优秀，领导却要求他晋升做管理他人的工作；管自己手下人管得好好的，新入职的员工总和你抬杠……你的情结优势消失了，反而受困于情结的局限性，问题就出现了。所以，**一个人享受了多少情结的福，就要吃多少情结的苦**。"

从某种意义上说，情结探索、心理成长属于"治未病"的范畴。

所谓的"治未病"，指的是未病先防。从你的身心模式来看清你未来可能产生的问题，从今天预防，避免未来可能发生的疾病。

如同，年少时，人们觉得熬夜无所谓，身体吃得消，但已经留下了隐患。享受了无数美好的午夜时光后，人们习惯了熬夜，形成了一定的人生模式。但若持续熬夜，待到身体吃不消的中年，疾病自会找上门来，这时再想治疗，为时已晚。而如果可以从最开始，或者问题刚刚出现时，就有人帮助你觉察到问题，你全面系统地改变生活习惯、起居日常，疾病不会发生，人也会活得更为自由。

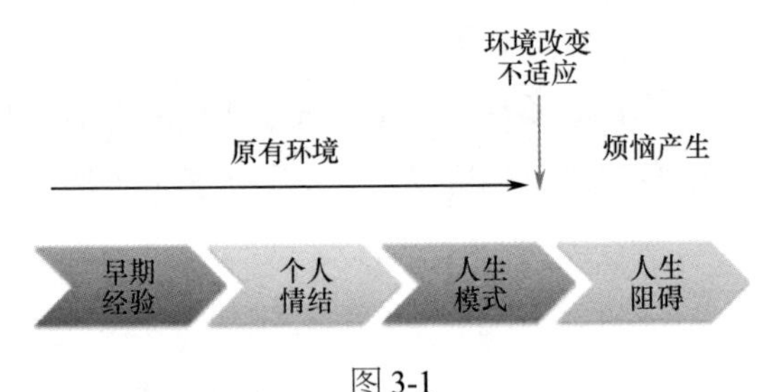

图 3-1

情结的处理也是如此。如果有人可以帮你看清情结的影响，当下的利与未来的弊，用“治未病”的思路，看清并改变情结，丰富人生的可能性，你便可以改变情结，与自我和平共处。

曾经一位心理成长小组的成员说：“我现在并没有探索自己的情结，但我活得也挺好啊。尤其您说到职场时，历任的三届领导很喜欢我。”那一刻，你可以感受到她的自信和骄傲。

本着“治未病”的原则，我尝试让她理解，当下和领导关系的顺利，无非是情结“利”的一面。

“但你说到前面三位领导都是女性。而且以前我们在探索家庭模式时，你也说过，你在家和母亲的关系很好，和父亲的关系却非常糟糕。某种意义上说，我也可以理解为，你其实很懂得和女性权威建立关系，而要是与男性权威建立关系，对你而言则是十分具有挑战性的。”

“对啊！”她承认，“但现在都是女领导，所以我觉得现在就挺好的，不用做什么改变。”

人们大多是当局者迷，活在情结的影响中，即便已被点破，仍执迷不悟。直到现实的冲击来临。

三个月后，我接到了她寻求个体咨询的留言：

“老师，真被您说中了，公司空降了个男领导。我以为我可以搞定，结果根本不行。原来的女领导，一旦我做得不对了，我喊声姐，也就过去了。现在我的领导告诉我，不要跟我耍小聪明，我看重的是工作能力。其实我也很有工作能力，但我觉得我现在在他眼里，只是一个会搞关系的人。我该怎么办？”

此时，亡羊补牢，为时未晚。但若是三个月前就开始丰富、完善与男性领导的相处模式并提升相应的能力，这样的烦恼也不会产生。

成也萧何，败也萧何。情结既可以推动，也会阻滞人们的发展。所谓**心理探索，就在于探索人们的情结，看清情结的影响、情结产生的原因以及情结的解决方法；所谓心理成长，就在于促进人们跳出原有情结的限制，成为你内心的主人，让心灵自由。**

心为形役，尘世牛马。只有探索情结、持续心理成长的人，才能从内心的被奴役者变成掌握内心的主人。最终，看清自己的人生，看清一生为何而来。

5. 情结与生涯发展的关系

“人为什么活着？”人们终其一生，或多或少地问过数次这个问题。

也许当时正值青春年少，某天突然思考人生时问到这个问题；也可能正值创办事业的艰苦时期，觉得自己好累、好孤独，质问自己：“你说人为什么要活着？活得好累啊。”也可能是抑郁敏感人群的口头禅：“哎，你说我们为什么活着啊……”

不管何种情景，这个问题都是比哥德巴赫猜想还难解答的问题。到底人们因为什么而活着？

要知道，哲学、宗教的上千年历史，一部分哲学家试图回答这个问题：有哲学先贤认为人活着就是生不带来、死不带去，而且人和其他生物也没什么区别，所以应该活得还不如一条狗，消极地蝇营狗苟就好。后来人们管这一派哲学思维叫作犬儒主义。

也有的哲人认为，人的内在有无穷的力量，所以我们要如同太阳一般地活着——每一个人都有着强大的意志——超人论。这其中的主要代表是哲学家尼采。

也有的思想认为人是为了来生更好而活——涅槃转世、修道成佛。

也有人认为是为了爱而来、而活……

如果说哲学和宗教只有一部分是在探讨“人为什么活着”，那么心理学用了几百年的时光，集中解决这个问题。

时至今日，心理学对于“人为什么活着”的总结形成了两个派系：有意义派和无意义派。

无意义派的典型代表派系叫作“存在主义”。从名字就可以得知，存在主义研究的就是人们为何而存在的学科。

存在主义学派不仅包括心理学，更是心理学和哲学的联姻派系。两门研究人心的派系一起努力地解决这个问题。从二十世纪初开始研究了多半个世纪，终于得出了重大的结论：

人的存在本身，没有任何意义。

这个结论，听来难免会令人失望。但细细品来，确实如此。

你在出生时，没有人会告诉你未来会成为一个什么样的人。那些所谓来自家人的祝福和美好的期待，无非是赞美之词而已。并不是你真正来世间走一遭的意义。

存在主义哲学家海德格尔说得更明确——“人们是被扔到这个世间的”。如果没有外界的要求：年少必须读书，成年必须工作，繁衍子嗣……人本身是罕有意义的。

因此，问题来了，如果人生皆无意义，那我们为什么还要活着，甚至还有很多人活得很有追求、很有意义？

这时，存在主义心理学家会进一步说：人生本身确实没有意义，但人和其他动物是不一样的。人有意识、想象力和情绪体验，人们会为自己的人生经历赋予意义——一个人经历了哪些事，这些事为何与我相关，这背后往往意味着我的人生意义。

最早对这个现象产生好奇心的心理学家叫阿德勒。他有着非常悲惨的童年经历——体弱多病，好几次差点死掉，看到强壮的兄弟姐妹使他更自卑痛苦。正因为如此，童年的阿德勒在头脑中开始幻想未来的自己可以很牛。虽然病痛一直在折磨他，但头脑中的他却成了超越同胞的强人。痛苦虽然没有改变，但他会把自己的注意焦点关注未来的方向和目标。后来，他称这种方式为虚幻目标（fictional finalism）。

人一旦不再关注自身的弱小，转而关注可能的强大，一旦不再关注过去的痛苦，转而聚焦未来的成功，人生的意义感便开始建立。很多青少年不爱学习，家长发疯一般让孩子补习。很多家长内心的信念是，“你不学习，还想要上天啊？”其实，很多学生最缺的就是头脑中“上天”的体验——他们根本不知道，自己学习的意义是什么。当行动未被赋予意义的时候，人们自然没有改变的动力；只有赋予行动有效的意义，即便再难，人们也会克服万难做出改变。

同样，你在为自己的一生赋予什么样的意义呢？

有意义派的解答，来源于卡尔·荣格的分析心理学研究。

说到卡尔·荣格，可以说他是跨界大师：心理学、哲学、宗教、神秘学、人类学……终其一生，都在参透人生的意义。他去世前曾留下一句话：“我的一生乃是潜意识的自我实现。”

这句话道出了他的一生：通过持续的内心探索，得知了自己的“天命”，进而跟随着内心的声音，活成命运想要让他成为的样子。

如果让他来理解人为什么活着，他会先告诉你：每个人的躯壳和灵魂是不同的，肉身虽会腐朽，但一生的使命感却早已在你的内心中了。

也就是说，人的一生本身就是有意义的。你的使命，或者叫天命，蕴含在你的内心深处。

但大多数人会质疑：“我怎么不知道自己有什么人生使命呢？”

卡尔·荣格会和你解释，我们确实无法在出生时说出自己的使命，更不可能问新生儿这一生的使命意义。但不同于存在主义的“人生本无意义，人们为其赋予意义”的思路，有意义派的思路是“每个人生而就有意义，人生历程会不断地帮助你实现你的使命”。

如果按照荣格的理解，只要人们自然地活着，人生使命自可达成。可问题在于，人生中的很多事件不由你完全掌握。在人们的成长过程中，会受到很多外界事件的影响：原生家庭、同伴、社会环境、主流文化……绝大多数外界事件会在一定程度上干扰你的内在使命，甚至会形成一些带有强烈情绪的、限制自我的模式，荣格称这些为情结。

人在成长过程中总会产生很多情结。如果想要拨开迷雾、看清内在的使命感，就需要不断地反思人生，解决和处理一个又一个的情结。只有情结得到了化解，“淘尽黄沙始见金”，就如同打了无数结的绳子被捋顺了。这样，按照荣格的说法，内心的使命感自会浮现出来。

在荣格的人生经历中，也曾经有过一段淘金、捋顺绳子的过程。当年荣格和弗洛伊德闹矛盾的时候，整个精神分析行业都在唾弃他。虽然荣格心中深知，这种情况的出现并不是自己的错误，而是自己和弗洛伊德在心理学上所信奉的观点不同罢了。可他必然要因此面对行业权威的否定，以及全行业从业者的隔离。这使他进入到了内心自闭、精神濒临崩溃的状态。

对于很多人而言，如果前半生一直苦心经营的事业受到了行业权威的攻击，行业从业者的否定，大多数人会转行或者从此消沉。荣格面对这样的冲击，确实也难以应对。于是他回到自己的瑞士老家，开始读书、玩沙子、分析自己的梦……但又不同于很多人的是，这些不断内在探索的方式，解决了荣格自身一个又一个的情结，并让他看清了自身的使命——分析和理解人性。荣格也更加坚定了自己对于人的理解——人不应该如同弗洛伊德所说的只有赤裸裸的动物本欲，人具有其精神性以及自我实现的追求，后来荣格称之为“自性化”过程。从此，荣格“重出江湖”，他不仅重建了自己的职业生涯，更成了和弗洛伊德比肩的心理学大师。

在内在探索的历程中，荣格意识到，只有不断地探索和处理情结，人们才会越发地洞悉自身的使命感；过度关注现实并不能让人看到自身的使命，而潜意识的提示会帮助人们看清人生使命。比如偶然事件中往往蕴含着必然，透过这些偶然事件，去发现内心的必然，可以帮你窥见人生使命。

曾经有个学员便是如此。军人当得好好的，为什么在转业之后她突然想要成为心理咨询师。要知道，这并不是她在意识层面的想法，而是生命中的偶然事件一次又一次的提醒才让她发现的。军旅生涯期间，有很多人很愿意去和她聊心事，也很自然地和她敞开了心扉。随后，她成了很多人的“知心大姐姐”。开始她很无奈，甚至有些抵触。转业之后，她意外地获得了一次外出学习的机会，虽然是管理方面的课程，但讲课老师专攻家庭治疗方向。课间之余她又和老师主动建立了联系，开始学习家庭治疗。一次次的偶然，都让她慢慢意识到了背后的必然——为什么她总会遇到和心理学有关的事情？经过几番思考和探索后，她终于明白：“原来，这就是我的人生使命——用我的爱心去帮助更多的人。”

每个人的生涯都是“如影随形，视而不见”。生命的那条主线会如同影子一般陪伴你，但是人们经常会忽略掉它。只有当你张开内在的眼睛，看清生命的主线，你才能突然对自己的人生使命产生某种领悟感。这就是所谓的“天命”。

这样的例子并不仅仅存在于心理学领域，在人生的各个方面都是如此。有一些商人从商失败，接着从商，再失败……反倒是最后，想来没办法了，当老师吧，一下子大获成功。命里自带教书育人的属性，但总要和自己抗争十几年才能“认命”，也是很值得感慨。

无论是无意义派的“人生无意义，凡人赋予之”，还是有意义派的“人生有意义，探索可发现”，它们都站在不同的角度阐述了人生发展中意义的作用。而如果谈到情结对于人生发展的意义，无意义派和有意义派的思路也是完全不同的。相信人生本无意义的背后，看似没有情结的影响——“这一切都是我个人的选择赋予的意义，我没有受到所谓情结的影响”。

然而换一个角度想一想，当一个老师相信“我认为最有价值的人生就是当一位好老师”，进而不仅成了别人眼里、心上尽职尽责的好老师、好员工，还因此感觉到了负担——因为自己持续的自我要求，完成了其他老师都无法完成的任务而让自己的家庭受影响。我的来访者中，也曾有这样的一位：坚定地认同好老师的理想，只顾着学生，孩子哭诉无人陪伴，家庭关系出现危机，老公直接找她摊牌——“到底是要你的学生，还是要你的家庭”，这时她才突然意识到，自我看重的“好老师”，成了对当下人生最大的限制。难道这不算是情结吗？

而相信人生有意义的派别，对于情结更是认同：只有看清成长路上的种种阻碍，才能过上更为自由的生活。

所以，说到这里，有意义、无意义又有何妨。无论是你在赋予人生意义的同时也给了自己内在的限制，还是人们本身就已拥有很多情结需要被发现和探索，想要拥有心灵更为自由的人生，就必须看清情结给予自身的阻碍，有意识地调整和平衡情结。追求做好老师的同时，也要清楚人生本身赋予你的阶段任务：你还需要同时成为一个至少达到及格线的妈妈和妻子。在这样的前提下去尽可能地成为好老师、好员工。

无意义派的人生发展，对人生赋予何种意义，就自然会产生相应的情结模式，毕竟看重什么，就容易受限于什么；有意义派的人生发展，情结是自然而然产生且需要持续探索和处理的。因此，在人生中，学会合理看待情结的作用，并能保持对人生的平衡，才能获得真正内在的自由。

当然，受限于篇幅，有意义派、无意义派的整合思路，也难以展开描述。感兴趣的读者可以关注“本义心理”微信公众号，回复关键词“人生意义”，你将获取更多的解答。

6. 如何处理情结

“我从小就是一个文静的女生，但其实别说别人，我都不了解我自己。”曾经一个白白净净的女生来咨询时这样说，“我自己的情绪很暴躁，有的朋友很受不了我喜怒无常的表达，但是她们还是挺谦让我的。其实小时候我的父母一旦争吵，我就会特别暴躁。我的身体不太好，他们有时候会在乎我的情绪，然后就会停下来，不再吵架。”

愤怒暴躁的状态一直保持着，往往因为背后的获益。但是我装作不知地询问她：“持续暴躁，爸妈也会听你的，闺蜜朋友们也会谦让，你会有什么可纠结的呢？”

她说：“其实主要是因为刚刚进入职场，我的部门主管已经提醒过我两次要学会情绪管理了。虽然我已经在职场很克制自己的情绪，但还是会控制不住地发火。我感觉自己快熬不过试用期了。另外，我的身体也有些承受不了，每次发火之后，我都头疼，难受得要命……”

如同之前所说，如果情结对这个人有好处，当然会选择视而不见；只有出现了痛苦和不适应，她才会开始反思。

就像前面的内容所讲，情绪从来没有好坏，情绪有很重要的功能。如果只要愤怒就可以让爸爸妈妈停止争吵，她会选择让自己发火，因为这样的方式简单高效。同样，能否接受她的暴躁情绪也成了她选择朋友的标准。当有人受不了她的情绪时，她会认为，对方不是自己的好朋友；而一些能够接受她“臭脾气”的人，才能成为她的朋友。

很多人一生都活在自己所营造的心理世界中，所谓的“境由心造”亦如是了。

所以，**咨询师有一个非常重要的作用，就是凭借对于人心的理解，帮来访者看清自己的心理世界到底发生着什么**。这种今日的痛苦，在过去是怎么产生的，对于今日为什么有了不良的影响。只有看清了这些，才有改变的可能。想要化解和处理情结，第一步在于，看清自己的内在发生了什么。只有看清才有处理的可能。这里有一个常用的方式，可以帮助人们看清自己的情结。

体验：看清自己的情结。

第一步，如果用一些形容词来描述你特别看不惯别人的哪些特点，请你尽可能地写出来。这里的“别人”，可能是你回想起来的周围的朋友，也有可能是你道听途说的一些事情，总之，这些是会引发你情绪，让你感觉特别不能接受的。

比如，吝啬、伪善、造谣、不忠诚、斤斤计较、不思进取、不爱学习、高高在上、情绪不稳定、只索取不付出……

注意，这里并不需要考虑你说的词是不是同一个意思，想到一个词就写一个词。

第二步，如果用一些词来描述理想中的自己，你希望自己可以成为什么样的人，这个人应该有哪些优秀的品质。请尽可能地描述你认定的品质。

注意，这里可能有一些词你会觉得已经是今天的你了，也可能还不是，是你期待的样子，都没有关系，尽可能多地罗列即可。

比如，慷慨的、善良的、大方的、真诚的、热爱自然、热爱小动物、平和、孝敬父母、勇敢正直……

第三步，看一看在第一步和第二步词汇中有没有一些反义词组合，例如，“吝啬”和“大方”就是一组反义词，“情绪不稳定”和“平和”也是，尽可能地找出这些组合。

一般而言，注意到别人的不好和对自己的正向期待，往往在于我们很关注这类相关的特质。这些往往和你内在的某些情结有关。例如，有的人就很不能容忍别人的吝啬，但事实上自己可能也不够慷慨大方；同样，看到别人的情绪暴躁，自己又一直期待内心平静，事实上也折射出你内心不够平静的事实。关注对自身的期待和对别人的“吐槽”，都可以看到我们的情结。

列举出这些特质，我们就进入第四步，看清这些情结的来龙去脉。

让自己放松下来，尽可能地去除头脑中的其他念头，聚焦关键词，去思考以下几个问题。

（1）提到这个词，你能想到，这个概念是从何时何地来到你这里的?

（2）这个概念，对于你的过去而言，有什么样的好处?

一开始的时候，可能不太容易想到这些问题的答案，但你一定要知道，人一定是“无利不起早”的——如果没有背后的利益驱使，这样的模式早就被放下了。所以，只要你肯花时间思考，就一定可以意识到自己内在的或现实方面的获益。

（3）如果持续在这样的模式中，可能会面临什么样的问题和挑战？

这一点往往是你要改变的动力。当你意识到一直这样下去可能会影响自己的人生，改变就会自然发生。

就拿“吝啬—大方”这一对关系词来举例。曾经一个来访者经过反思，发现她看到别人很吝啬，而期待自己大方，但这样的对应词恰恰反映出其自身对于物质的匮乏。进而回想起自己的小时候，父母不断地告知“家里的积蓄不够你们姐妹吃穿使用”，于是在她的心里产生了物质匮乏所引发的“不够”感。即便长大后已经衣食无忧，但儿时的匮乏感仍然一直保存在她的记忆里。这样带来的最大痛苦，就是在她的亲密关系中，她会把别人的“不够大方”等同于“不够爱她”，只有对方愿意不断地为她付出时间、金钱，甚至以牺牲个人工作时间为代价，才能让她产生片刻的安宁感。虽然她也总在说服自己“其实他已经很爱我了”，但一想到自己得到的“不够”，她的内心总还会隐隐作痛。

以上的操作，都是帮助你看清情结的来龙去脉，挖出内心深埋已久的情结。接下来，**需要你在心理上回到触发情结事件的场景，宣泄过往的情绪感受，表达内心的真实话语**。心理学称之为“未完成事件”的处理。这位总“不够”的女性来访者，一直通过折磨伴侣来证明别人可以给到她足够的爱，本质却是最早的“案发现场”。因此，只有通过在想象中，回到小时候，让她说出对爸爸妈妈的爱恨交织的情绪感受，才能产生转化的可能，“我恨你们为什么总告诉我不够，但我当时说不出来”“我很想要从你们那里得到足够的关爱，可是你们却没有回应”“我理解你们的苦衷，可我真的很心酸……”

情结背后的情绪产生时间旷日持久，因此这样的情绪化解、宣泄表达也难以一次解决，往往需要反复多次才能进入到转化阶段。所谓的转化，指的是人们可以和情绪保持平衡——不受困于心、不受制于情。当人们可以说出“我慢慢开始理解父母当时的处境”“通过情绪宣泄，我感到了心境的平和，我也可以从内心真诚地谢谢你们给予了我生命，并且尽最大的可能给到我物质生活的满足”“我能体会到当年您的不容易”等表达时，人们仿佛从当局者转变为局外人：一方面能够体会曾经的我受制于该情结；另一方面也可以从更多的视角看清情结的全貌，和解才会慢慢产生。

最后，当人们经历了情结处理的过程后，最终检验情结是否已经得到化解的唯一标准即为现实行动。当个人可以在现实生活中，不再重复过去不受自己控制的行为模式时，如不再和自己的伴侣“作妖”，而是发自内心地相信自己是安全的，这个情结可以算是真正得到了化解和处理。

看清情结，表达情绪，积极转化，回归现实，这就是情结处理的四步法。

当然，情结处理所需要的时间很久，不同情结所触发的方面也有非常多的差异。后面的章节，我会从这些不同的细分点，带你一起处理不同类型的烦恼。

04 四、烦恼的发生：身心意行四合一

人们活在世间，早年的本能被抑制，欲望得不到满足，于是产生了各式各样的心理情结，现实中表现出不同的烦恼，难以“志闲而少欲，心安而不惧，形劳而不倦”。

从学生时代开始，学习不好的人经常被家长责骂，真烦；学习好的人苦于玩得不好，真烦；学习好又玩得好的人苦于别人嫉妒，同样好烦。

走向社会，找不到工作的人烦恼，找到好工作却得不到理想薪酬的人同样烦恼。即便真的得到了一份“钱多事少离家近，位高权重责任轻”的工作，还有同事关系、上下级关系等各类烦恼产生。

没人爱的人烦恼；有人爱却不爱对方的人烦恼；好不容易两情相悦，家长还站出来阻拦，真是烦恼……

每个人都有烦恼，但并不是人人都会去看心理医生。因为大多数的烦恼，还只是烦恼，并没有演化成心理疾病，而且人们自身也有一定的心理调节能力，可以自行平复。

但**每个人的自我调节能力不同，面对同样的事，有的人内心的小烦恼会发展成严重的心理疾病。**

比如，当遇到别人评价自己外表的时候，每个人的应对能力是不同的。但对于一些人而言，小小的评价也会带来大大的伤害。曾有一位青春期的男生，仅仅是因为一句“他长得好白啊”，就从一

个小烦恼演化成了严重的抑郁症。原来，初二的他内心情愫萌动，当他听到自己心仪的女生和闺蜜在背后聊道："你看咱们班××（他），真的好白，一看就不太运动。"当时他强忍内心的悲愤，回到家装作没事人一样。但是六个月之后，他变得什么都不想做了。

同样，我也曾遇到过因为孩子学习成绩总是无法提升而苦恼的母亲。造化弄人的是，偏偏周围亲朋好友孩子的成绩都名列前茅。虽然她一直对孩子的成绩严加要求，但不仅无效，反而激化了矛盾。慢慢发展到，她不敢和周围人谈及孩子，甚至她也因此患上了焦虑症，严重时会产生幻听——总可以听到别人问她"你家孩子成绩怎么样"。

如果一个人仅仅有生活烦恼，完全可以通过自行调节，不必兴师动众、劳民伤财地寻找专业咨询师的帮助；但如果一个人已经害得心病——严重精神类问题，切莫讳疾忌医，并一定要寻求专业咨询、治疗。可问题在于，**大多数普通人没有办法区分自己到底是烦恼，还是已经产生了心病。**

简单而言，**从烦恼到心病，人们的外在行为、躯体特征、心理象征和信念系统都会逐步地发生变化。**这四个要素如同体温计、化验单一般，可以明确地反映出人们烦恼的严重程度。例如，以下两个例子，都是从烦恼演化到了严重的心病，其四个要素也已经异于常人了。

被嫌弃外表的男生初次前来咨询的时候，明显地表现出不想上学、不想做事的躯体特征——步伐沉重、塌腰驼背。当我和他说到对其身体姿态的感受时，他和我说："老师，我很多时候觉得自己就像卡西莫多。"他在用这个人物象征自己，并用来表达自己内心的信念："我想把我最单纯的感情给你（女生），你却伤害了我。"同样，患了焦虑症的母亲，除了焦虑症的典型躯体表现（出汗、心慌、紧张）以外。她的眼睛总是不自主地晃来晃去。当我问到她内心的感受时，她说："我感觉自己透不过气，身后总有人在追着我。我只有不断往前，才能躲开痛苦。"

当人们可以掌控自身的烦恼时，人们的外在行为表现和心中的世界还是一致的——你看到的世界就是你所看到的，你听到的声音也是你所听到的。

而当人们对烦恼的掌控度越来越低，他们开始对烦恼构建新的心理形象：我不再是一个青春期的单恋少年，而是一个被对方伤害的丑陋男子；我不再是一个期待孩子成绩更好的妈妈，我成了千夫所指的无能妈妈。**而心理形象影响着一个人对于世界的理解，影响他的外在行为和躯体表现。**久而久之，人们和这个世界本来的面目越来越远，终于活成了自己内心烦恼所期待的样子，——那个丑陋男子和无能妈妈。

总结起来，身（躯体形态）、心（心理象征）、意（信念系统）、行（外在行为）这四个要素，在烦恼发生后开始变化，相互影响，最终走上罹患心病的道路。而此时，你已经无法掌控自己的人生，寻求专业咨询的帮助，就成了必然的选择了。

1. 烦恼影响的躯体形式

曾经有来访者好奇地问："现在一切都网络化了，心理、生涯咨询行业完全线上化不好吗？节省时间、节省成本不好吗？为什么还一定要有一个咨询工作室，一个布置得还不错的空间？这对咨询的好处是什么？”

要知道，失去了对人身体的观察，起码失去一条非常重要的感受通道。曾经有心理学家总结发现，人与人之间的沟通，言语仅占不到40%的作用，而更多的表达来源于非言语的要素：动作、姿态、表情等。回想你曾经看过的一些默剧，即便不说话，你同样可以理解对方想要传递的意图，就是因为他们通过躯体向你传达了含义。

躯体是灵魂的容器。你灵魂的状态，也会借由躯体呈现出来。

当然，躯体是个广义的概念，总结起来，包括外躯体和内躯体。

这里所说的外躯体和内躯体，主要按照你的“肉身”界限做出区分。属于身体实质的，也就是包含皮肤以内的为**内躯体**，比如你的躯体特征，也就是你的高矮胖瘦，如是梨形身材还是倒三角身材，这是躯体本身的特征，所以属于内躯体的话题。除此之外，你的脏器健康、身心疾病，也属于内躯体的话题。**很多看似生理上的疾病，事实上都有其背后的心病成因。**犹如嵇康的《养生论》所言：“由此言之，精神之於形骸，犹国之有君也。神躁于中，而形丧于外，犹君昏於上，国乱于下也。”你的精神也就是心理因素，是内在因素，心理受到了影响，你的身体也会受到持续的影响。

外躯体指的是借由身体表现出来的特征，主要包括身体姿态和动作特征。如果说内躯体是一些实质的呈现，那外躯体则更多的是一种外在表现，比如害羞时低头，欢迎时张开双臂，愤怒却无法表达时隐隐抠手……

一个人心中留存情绪感受，都会通过身体相得益彰地表现出来，而且身体的表现往往难以隐藏。难怪心理学家弗洛伊德曾说：“任何健全的人必定知道他不能保存秘密。如果他的嘴唇紧闭，他的指尖会说话，甚至他身上的每个毛孔都会背叛他。”

正因如此，咨询师才需要通过与来访者面对面的咨询，看到来访者的动作和姿态，分析来访者主导的心理模式，进而掌握和发现可能连来访者都没有观察到的心理问题。

心理学家一直对于身心关系，即躯体与心理的关系特别感兴趣。心理学家发现，每个人的身体上都有着自己的“铠甲”和“阿喀琉斯之踵”。所谓的**“铠甲”**，就是那些你伪装时不由自主的反应和你防御的方式。比如人们说谎时，容易产生目光回避，这属于人类共同的心理铠甲。但每个人也有专属于自己的铠甲——有的人因为人生早期遭受了比较大的创伤，所以会在眼神中表现出强烈的空洞感；有的人很需要强烈的掌控欲，所以身材往往走向于倒三角、腿部有力的躯体姿态……这都是典型的由于心理模式所形成的躯体“铠甲”。

除此之外，身体上的**“阿喀琉斯之踵”**，也可以称为躯体上的弱点。希腊神话中的阿喀琉斯本是一位被神水浸泡过的无敌战士，但由于他的脚跟没有被神水泡过，于是脚跟就成了这个人的弱点，因此，我们用“阿喀琉斯之踵”来形容人躯体上的弱点。**一个人躯体上的弱点，往往会表现出他核心的心理情结和问题。**很多人身体生病，总容易在同一个地方反复发作——有的人上火发炎总容易牙齿肿痛，有的人则是嗓子不适；有的人生疮总在鼻子上，而有的人则在脸颊、胳膊或者其他同一部位。中医会从人们的经络、穴位和反射区的角度理解这件事；而心理学会结合不同躯体的心理象征意义来理解，比如心象征着情感与爱，肩膀象征着承担与压力，手脚象征着行动力与掌控力等。**因此，想要更全面地了解自己的身体，我们不仅要从医学角度考虑，也要从心理学角度思考。**

曾经有一位来访者，总被妇科疾病困扰。她想要探究其疾病背后的心理原因。我们使用了一种叫作躯体心理探索的技巧，即对于身体的每个部分用想象的方式去感受和疗愈。她在想象探索中发现自己的胸口中心，也就是中医所说的膻中穴位置很空虚，如同寒冷的冰窖一般。然后我引导来访者在想象中温暖心中的冰窖。在想象的过程中，她产生了很多悲伤的情绪，哭了很久。平复之后，她慢慢地诉说到早年时光中不被母亲关爱，现在的婚姻关系中也经常不被理解和支持。虽然一家人事业有成，但总感觉自己寒冷且匮乏。到了冬天她也经常感冒、咳嗽。这种渴望得到爱又得不到爱的烦恼，不仅对心理产生了困扰，也作用于她的身体，被身体记了下来。

人们的身与心是相互作用的，中医的“阴阳五行说”也分析了情志对于躯体脏器的相互作用。因此针对这位来访者，在建议她采用一些中药、艾灸的方式改善寒冷的征象之外，同时通过心理咨询帮助她获得更多被支持和被关爱的感受。经过一段时间，她身体慢慢恢复了红润的气色，妇科疾病和冬季感冒都好了很多，家庭关系也发生了改善，并可以允许自己表达出适当的情绪，可谓是身心俱愈。

2. 烦恼影响的心理意象

人们虽然都活在这个现实的客观世界中，但你有没有发现，**你对于这个世界的人和事物的感受，往往受到主观的心理感受所推动。**例如，对于空气客观存在的事实，是毋庸置疑的。但是对于其干净和脏的概念，我们会有不同的见解。很多青年人在疫情刚刚开始时，都需要苦口婆心地告诉自己的父母，空气中有很多病毒，出门一定要戴口罩。而父母表达的却是："我在外面走来走去，空气很新鲜，也没有雾霾，为啥要戴口罩？"

你看，虽然他们看到的都是外面的世界——蓝天白云、阳光明媚，但是青年人仿佛"看"到了一些很小的东西，它们飘浮在空气中，会因为呼吸，或者从别人的喷嚏、口水中飞出来，跑到人们的体内，于是人们会被感染。而父母则"看"不到这样的画面，他们相信这个世界还是原来的样子——咳嗽的广场舞伙伴就只是咳嗽而已，他的咳嗽也不会对空气和我带来什么样的坏影响。

你当然知道，从科学角度看，病毒不会被看到，但因为青年人在内心主观地构建了这样的一个画面，而父母并没有这样的画面。虽然客观上世界是一样的，但是人们从主观上改变了世界的样子，即人们心中的世界是不一样的。

除了对世界的理解是主观的，人们对自己的理解同样是主观的。心理学中有一门叫作意象对话的疗法，其中有一个小技术，让人们想象自己站在一面神奇的镜子前面，这面镜子可以映照出自己真实的心理形象，在你闭眼放松的状态下，你会看到镜子中的自己是什么样子。虽然有的人高大魁梧，但是他可能在想象中看到镜子中的自己是少女；也曾有胖胖的女生看到镜子中的自己是一只轻盈的小鹿。你也会发现这个高大魁梧的男人有一颗少女心；这个女生也可能拥有既纤细敏感而又灵巧轻盈的性格。这里所说的心理形象，就是人们对自己的主观理解。

我们心中对自己以及外界世界的主观理解，在心理学上，被称为"心理象征""意象""心象"。无论其关键词具体为何，这些都被称为"象"。

其实，我们所看到的、感知到的，都是一个"象"，而非真实

的存在。所谓的“眼见为实”，即便从生理学意义上讲，你眼睛看到的也是光反射在大脑中的“象”，果真是“凡所有相，皆是虚妄”。这也就解释了我们生活中的各个对象——你的领导、你的伴侣、你的孩子，你所理解的他们从来不完全是那个人本身，而是你想象中的他们。在你的想象中，领导的严厉态度被你坚持认为是故意排挤，孩子爱玩手机也被你坚持认为是他没有意志力。

当你明白了人们越发执着于自己所看到的“事实”，而忽略了“人只能看到象”的真相，你该如何重新看待你所坚信的对自己、对世界的理解呢？

3. 烦恼影响的信念系统

如同一个人看到的自己和世界都是主观的，人们因为看到的这些“象”而产生的信念、想法、观点，同样是主观的。

如果一个人坚信“翘兰花指的男人都是坏男人”，或者认为“中年女领导都是对年轻女下属言辞刻薄的”，你可能会觉得他的想法过于主观武断和片面。但如果你了解到——拥有这两种信念的女性，也是我的一位来访者，曾经有过一段失败的情感经历，离婚后要带着两个孩子忍辱负重，而她的前夫就时常翘兰花指；在她离婚后的时光里，女领导又百般刁难她，为了生计，她不得不继续忍辱负重——也许你就可以理解这位来访者为什么会有这样独特的信念了。

她冷静下来也会清楚，男人翘兰花指可能不代表任何意义，女领导会刁难女下属也不是绝对的，但不可否认的是，这段经历的的确确让她产生了这样的信念。以至于她在找新的伴侣、换新的工作时，都在刻意地回避“兰花指”和女领导。

过往的烦恼影响了我们的心理世界，心理世界让人们的信念被限制，而人生选择也自然受了限。

人们的信念系统从 3 岁开始建立，一直到成年才会形成相对稳定的系统，然后用一生的时间不断地调整变化。

我们最早的信念来源于父母、老师和社会环境等外界因素，这些早期的信念帮助我们形成对人和事物天经地义的看法。

比如，父母平日的表现以及对待你的态度是焦虑急躁的，还是不急不躁的；你所处的环境是父母让你自由成长，还是对你有诸多的要求；家庭是如同一个温室，把你当成花朵一般养育，还是如同一个修罗战场，这些都会形成你对于世界基本的态度和原则。

若想要检核自己的信念和看法，你需要回忆一下生活中经常会引发你强烈情绪的事件，它可能是你与他人的关系，或者你对一些事情的看法等。在回忆这些事件的过程中，你同样需要保持思考：

是什么样的想法，让你对这些事有这样的情绪？

你个人的自信程度如何？

在面对一些人和事物，尤其是一些竞争，比如被别人侵占界限的时候，你的态度是怎样的？攻击，交涉，回避，还是隐忍？

这里有没有一些具体的特点，类似于面对什么样的人，会有什么样特别的情况？

如果让你回顾你成长过往的重要事件（3～5 件），你能想起哪些？它们对你的影响有哪些？

过往人生中，对你产生过重要影响的人物（无论是真实出现的还是影视剧中的）有哪些？他们给你的影响有哪些？

你喜欢什么样的人，讨厌、反感什么样的人？他们是否有一些共性？

有哪些人是你无法应对的？这些人有什么样的特点？当你被牵着鼻子走之后，你会有什么样的感受？这会让情况变得更好还是更糟？

如果让你用3～5个形容词分别形容一下父母，你会如何形容他们？你认为他们在你身上留下了哪些特征？你喜欢哪些？讨厌哪些，但又不得已地保留着这些特质？

你是否有兄弟姐妹？如果有，你的排行对于你的影响有哪些？你觉得他们是什么样的人？如果没有，你觉得独生子女对你的影响有哪些？

你对于自己所处的环境（学校、职场、工作、教育、文化……宏观要素）的看法是什么？无论观点如何，这些观点对你的影响有哪些？

在你对世界的理解中，你觉得你所处的环境是稳定的，还是易变的？是相对连续发展的，还是突变跨越式的？当然，你也有可能从来没有考虑过这些问题。但是这些问题，是在帮你去思考你个人的世界观——你对世界的理解。

以上这些问题，看上去很简单。但如果想弄清楚，往往需要很长时间。当然，一个人的反思容易失去参照标准，你也可以和好友、同道中人一起探究。也鼓励你找咨询师，从更为客观的角度去引领你探究。相比普通人，咨询师最大的优势在于他们的价值观是中立的，不会在和你探讨这些话题时，用自己的价值观“带偏”你，而会成为忠实、客观的平面镜——不加入个人主观色彩地与你去探讨你的人生、你的信念系统。

4. 内心状态和外在行为的关系

谈到人们内心状态与外在行为的关系，人们很容易就能想到内与外是相互作用的：**一个人的心理世界会借由其外在行为表现出来；同时，外在行为也会影响内心的状态。**

内心世界，借由外在行为，表现于外：喜怒形于色。即便是严重的精神分裂症，也同样把心中的世界表达了出来。当一个精神分裂症者高声喊叫、痴痴发笑时，作为正常人的你会认为他出了问题。但是当他回归正常状态时，会告诉你“一下子天旋地转，所有人都变成了妖魔鬼怪，我害怕”“感觉有声音在和我说你好美，你好漂亮，你是世上最美的仙女”。异常的内心世界同样催生了他们的外在行为。

对于普通人而言，明白这个道理就已足够。而对于心理学爱好者或者专业助人者，不仅要看清内心世界对外在行为的直接影响，还需要把握外在行为的细致差异，以及对展现出的心理世界的不同。**只有借由对外在行为细致的理解，才能更好地把握人们丰富且敏感的内心世界，并为之提供有效的解决方法。**

比如，普通人看到自己的朋友悲伤哭泣，最自然的反应是安慰、陪伴这个人。只有看清哭泣这个外在行为所反映出的内心世界也是千差万别的，才能有效地为不同的内心世界提供有针对性的回应：

有的人默默哭泣，躯体表现为悄无声息，眼泪一滴滴地掉下去，内心的声音往往是“我想一个人哭，我不希望被打扰”。面对这样的哭泣，我们只需要安静地陪伴他即可。

有的人哭得也很安静，但可以从嘴部表现上看出他的委屈，心中仿佛有一个受欺负的小孩。这时如果给予同样的安静陪伴，受欺负的小孩的心声变成了“我很委屈，还没有人管我，我好委屈啊”，一下子就转变为号啕大哭。躯体表现上也从低着头默默流眼泪，变成了脸朝上的哭泣。这时咨询师即便去安抚，也容易让对方产生“你怎么早不来理我”的情绪反应。

还有“癔症性”的哭泣、撒泼打滚式的哭嚎，总之就是哭泣如同表演一般，这样的人内心有个小孩子在胡闹，想要引起大人的关注。这时咨询师的回应就需要转变为温柔而坚定的制止——递上纸巾，再倒上一杯温水。既表示了支持，又暗示适可而止。

除此之外，还有伤心的哭泣、幸福的哭泣、需要及时制止的哭泣、需要陪伴的哭泣等。只有看清心理世界的真相，才能理解外在行为的差异，给出有效的回应方式。

人们不同的内心状态催生了其形态各异的外在行为。**同样，外在行为的改变也会直接影响人们的内心世界。社会**心理学研究表明，只要持续做出微笑的表情，心中的喜悦情绪也会增多。

不仅外在行为可以影响心理世界。外在的大环境也会让心理世界发生变化。例如，“采菊东篱下，悠然见南山”的环境，也会让人们的心静下来。去西藏徒步旅行净化心灵的思路也是行得通的，只不过通过改变环境来影响内心的方式，同样需要时间。否则就会经常出现“人去了西藏圣地，而心灵仍然洗不净”的情况。

我曾经有一位学生，在媒体行业工作，做了几年的战地记者，见过太多人性中残忍和黑暗的一面。人虽然回到国内，但战争环境带来的创伤影响了他的内心。即便回到了祥和的国内，内心仍然会出现那些血腥的画面。面对职场，他也经常把丛林法则的信念带入现实环境中——会在人群中显得过于敏感，总会用对抗和猜疑去理解别人。尽管已经回国3年，他也无法改变。

实在无法继续工作，他选择回到了家乡——距离藏区并不远的一个县城。他在家乡待了半个多月还是不能和家人和平相处。最后，他索性放下执念，直接去了西藏，徒步旅行。

起初他去西藏是想净化心灵，但待了几个月后却越发静不下来。“帐篷附近晚上静得出奇，我体会到的根本不是宁静，而是内心杂乱的声音。每每看到周围人的表情，我感觉到的不是善意，而是猜测是不是别人要伤害我……”很显然，外在环境的改变，并没有让他的心境也随之平和，他的心灵并没有被“净化”，反而衬托出他战地一般的心理世界。

“六个多月之后，也没有什么神奇的事情，更没有什么类似善良的陌生人牺牲自己保护别人的举动这样戏剧化的行为。慢慢地，我越来越开始适应这样的生活，我的心理世界开始变得平静，每天也没有想过要做什么，或者说也不需要想要做什么。无论遇到什么，也不再会发生很强的冲突。这时候我才理解，‘一切都是最好的安排’这句话，我们是用来当心灵鸡汤喝，人家是当作粗茶淡饭吃的。”

一个人的心理世界会影响外在行为、外在世界；而外在行为、外在世界也会改变人们的内心。当然，这两者的改变都需要一定的时间。如同这张“内在世界与外在世界”关系图（见图4-1），信念系统、心理象征和躯体形式三个要素遵循着从内到外的逻辑。信念系统位于心理世界的核心，是人们对自身、对外在世界的价值观、信念、想法的体现，经常表现为内在话语。比如“我是一个孤单的人”“我的老板是个吝啬鬼”。心理象征向外一层，借由原始思维构成对信念的形象化。比如有人会持有“我是一个孤单的人”的信念，其心理象征可能会表现为一个瘦弱的小孩子形象；持有“老板是吝啬鬼的”信念的人，会在内心看到老板奸诈的形象，也有可能会转化为一种象征、隐喻的形式，例如，一只穿着西服的老狐狸（而这个老板恰恰常年穿着西服）。心理象征会向外延展，影响人们的躯体形式。因此躯体形式成了内心世界和外在世界的桥梁：其虽表现在外，但反映的是人们的内心世界。例如，孤独的人会表现出对亲密关系渴望的眼神；认为老板奸诈的员工会不自主地在老板面前做出防御的姿态（双手抱肩，身体侧向于老板）。信念系统、心理象征、躯体形式，逐层而又统一地表现了出来。**这都是心理世界对外在行为影响的表现。**

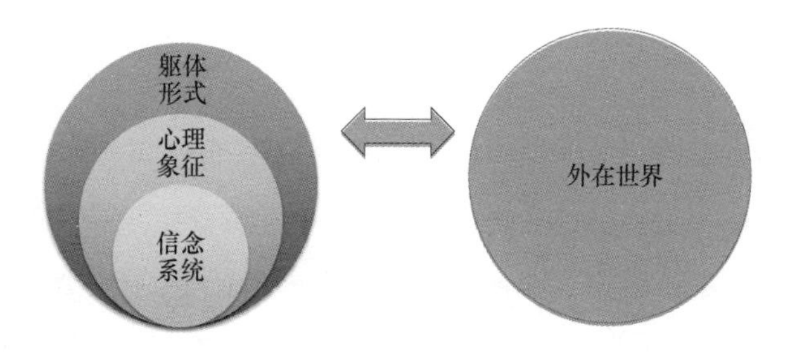

图 4-1

同样，一个人长期生活在人际简单、天高云淡的地区，容易在躯体上表现出深呼吸动作和张开怀抱的欢迎性动作，这些动作的心理意义都属于更为自信的动作。长久的躯体动作会让人们产生积极的心理象征，比如认为自己如同一只雄鹰般自在翱翔，慢慢就会产生积极的信念，诸如“我是自由的”“我可以相信自己的力量”。伴随着时间的推移，**外在世界、外在行为同样可以改变人们的内在世界。**

当然，每个人心中烦恼的程度不同，外在的环境优劣也无法完全掌控。试图单纯依靠自身改变，往往也有一定难度。当面临无法改变的烦恼或者无法应对的环境时，还是交由专业的咨询师来做，才比较妥当。

5. 一切的烦恼，都是关系出了错

虽然人们的内心世界与外在行为之间有着相互的作用机制，但很遗憾的是，两者之间不是一一对应的线性关系：刁难的客户让你心生恐惧，但你并不一定会表现出紧张尴尬。面对失去至亲如此悲伤的事件，每个人的行为表现以及心理感受也是千差万别的：有的人抑郁，有的人躁狂，有的人开始焦虑，有的人害怕听到所有关于死的话题。**因与果之间的关系从来不是必然的**。

这就如同中医和西医的思维差异。西医思维往往是线性的：面对细菌感染，使用抗生素；一个人产生癌细胞，接下来的核心目标为消灭癌细胞；如果一个人罹患抑郁症，接下来服用抗抑郁药物；如果得了焦虑症，做躯体放松。简单有效，却也简单粗暴。

中医思维从系统方面去看待一个人。无论是“阴阳五行学说”还是《黄帝内经》中的“四气调神”“异法方宜”，都关注到了人的完整性和系统性。中医和西医的思维在咨询助人工作中也得到了体现。比如，一个人的母亲离世，三个月后，她产生了强烈的抑郁表现。西医的思维大多是通过抑郁测评量表来判定其抑郁程度，并开出了抗抑郁药方——“头疼医头、脚疼医脚”。而中医思维背景下的咨询方式，则会全面系统地思考，尝试找到背后真正的原因。

为何 3 个月之后的表现是抑郁，而非焦虑，也不是恐惧？

为何是妈妈的离世，让她无法接受？

尽管已是成年人，在她的内心世界，妈妈扮演着什么样的角色？

抽丝剥茧，澄清全面的信息才能看清问题的本质。经过心理咨询后发现，妈妈是她早些年唯一的情感依靠，她的内心中一直有着“没有妈妈，我也不想活了”的信念。妈妈的离世，一方面让她悲痛欲绝，另一方面也让她想要“随着而去”。这样说来，抑郁的表现也就清楚地表达了她的内心世界。而治疗心病，也要从两方面入手：应对当下亲人离世的悲痛情绪的同时让内在小孩得到支持和成长。

传统的西医治疗中，更多的是直线思维式的治疗，其结果往往是治标不治本：“标”虽然改变了——抑郁水平下来了，焦虑状态改善了，睡眠也好了，但是“本”没有发生任何实质变化，往往“按下葫芦浮起瓢”——虽然不抑郁了，但是人变迟钝了；虽然不焦虑了，但是每天什么都不做了。

有一个来访者，当他在初中时遭遇了校园暴力而又无处表达时，他开始怀疑人生，开始怀疑这个世界还有没有真正的公平和善意。他父母的态度是，“年纪轻轻的，受到一点伤害就至于如此？人生要向上，要振作起来！”他们不断地通过打鸡血的方式，让孩子刻苦努力，把自己的力量聚焦于成绩上。

把对人生怀疑的力量引导到对学习的刻苦努力上，表面上孩子不再思考人生，专心学习了。但本质上，过去受到的伤害和对人生价值观的思考从未消失。来到大学，四年的时光对他而言，看似一片平和，内心却心如死灰：“我不知道自己未来奋斗的意义，如果社会没有这些公平和善意，我为什么要努力？”大四那年，他突然什么都不想做了，直到被确诊为抑郁症。周围的老师和同学们怎么也不会想到，他会有心理问题。虽然他平时少言寡语、不爱交流，最多的就是玩玩游戏，也有一点小成就，但当他一想到自己即将走向社会的时候，就感觉“黑暗丛林”在前方等着他。他不知该如何应对，越想越无力，越想越睡不着，直到确诊为抑郁症，并申请休学。

休学回家后，他的父母仍然用着他中学时代对待他的方式。既然孩子得抑郁症了，就去开药吧，吃了药就不抑郁了。当然，这并不是说如果有了心理疾病不该去看病吃药。但如果仅仅是用药物缓解症状而不去探究和面对他的内心，这种举动无外乎二次伤害。吃了抗抑郁的药，终于可以睡觉了，但从此之后，他在家除了睡觉，什么都不想做。眼看着一个 22 岁的正应年轻有为的孩子慢慢地除了躺在床上玩手机，其他什么都不干了，连以往心爱的游戏都不玩了，父母这才意识到，有病吃药的模式不仅是隔靴搔痒，更是雪上加霜。想要真正地解决问题，还需要使用中医思维——全面地看清问题，从根源上解决心理困扰。

中医的思维中，望闻问切，不能偏废任何一面。这个男生和我同在一座城市，但他不愿意来咨询室面谈，因为他觉得自己累，不想动。我只好通过效率最低，但却令他舒适的文字方式交流。在咨询中，通过不断询问和探索，他终于说出了自己的心声：“当年，我在怀疑人生、怀疑世界的时候，你们告诉我要坚强，我需要的不是这种毫无意义的鼓励，我想要的是理解世界的真相，哪怕仅仅是对我的理解和支持，但是我都没有得到。”当他看到自己真实的心声时，他在网络的另一边沉默良久。事后他告诉我：“老师，我好久没有哭了，我连哭都是没有声音的。”

如果一个人渴望父母的支持和理解，而父母却两次在他人生重要的时刻无视他的需求——一次是得到没有意义的鼓励，一次是父母通过冰冷的药物让他控制病情，那他要该多失望。

要说病因，这才是真正的病因；要说解决，只有意识到问题的核心，才有可能改变——化解自身情绪，理解父母的模式背后的原因，寻找自己认同的价值观，慢慢地产生令自身坚定的力量。

因此，用症状的方式理解人的心病，就如同把人大卸八块后告诉你，这是一个完整的人。不从整体上来看待，是行不通的。

人是完整的，心理学研究发现，人终其一生都在寻求这种完整性。我们出生之前，父精母血的结合，让我们成了一个和子宫同在的个体。在那个时刻，你就是世界，世界也是你。一切都是自然而然就来到你的体内的，你并不需要吃什么喝什么，就可以获取一切你想要的东西。在这一刻，你是完整的——你生活在子宫的世界中，你和子宫的世界合二为一，所有营养物质无须努力就会来到你的体内，你就是全世界的中心。

但是，这个世界最大的不幸就在于，你并不是全世界的中心，你也不可能掌控世界。出生后，你会发现你无法完全掌控母亲、掌控世界，别人也无法完全清楚你的感受——什么时候饿了，什么时候需要拥抱。而后，越来越多你搞不定的情景出现了：面对学业，面对择偶，面对人生发展；包括内心的情绪，自己也不一定都把控得住，还有一些让你害怕的小动物、小虫子，你也不知道它们会在何时出现吓到你；你家庭的经济情况，爸爸妈妈是什么样的人，你的兄弟姐妹会不会伤害到你？外界的同学、老师到底是对你善意还是恶意？

这一切无法掌控的问题，都让你意识到你并不完整，你也不

可能成为世界的中心。所有掌控不了的对象，都可以理解为关系出了问题。当你在子宫内时，你和“世界”（子宫）融为一体，你可以轻松掌握环境的一切，这时如同在伊甸园里一般无忧无虑；而烦恼的产生，起始于你和世界的割裂和失控。在亲密关系中，特别能够看到关系的掌控和失控感。原本很多深信会永远相爱的人，可能一夜之间意识到，原来对方心里已经有了别人。于是，对关系的失控感陡然增加。内心的崩塌、强烈的痛苦情绪，一下子感觉到自己看到的世界都不真实。曾经一位来访者在遭遇了情感的伤害后，一直在说“我们在一起这么多年，原来我一直没有懂你”。潜台词就是我搞不定我们的关系。这个男生是她倾注多年感情的对象，这个女孩子不光感觉自己掌控不了他，也开始怀疑爱情。爱情相对于这个具体的男生而言，已经是个抽象概念了。但因为人们内心会把很多抽象的概念具体化，比如这个男生代表爱情，妈妈代表安全感。进而，她和爱情的关系也出了问题——她以前会觉得，我懂爱情，我能搞定爱情这件事；但此时此刻，男友带来的崩塌感，也会让她对爱情产生同样的崩塌感。

为了消弭烦恼，她开始寻求一些所谓的解决方案——买醉、狂欢、疯狂工作。因为她发现，一旦喝酒，控制不住的悲伤情绪就可以得到控制——喝醉后没感觉了，情绪也就控制住了；狂欢也可以让她不去想那些自己控制不住的感情。进而从这些方式中找到了新的掌控感——“不要和我谈感情，和我谈工作”“不陪我喝酒，不陪我玩，你算什么爱我”。

听她诉说了这些，我试图打破她无效的掌控感：“但是，为什么还来找我咨询？你看，你完全可以通过酒精和工作去麻醉自己。甚至有的人也觉得，这也是一种生活。为什么还要来找我咨询呢？”

“因为一个男生闯入了我的生活，他告诉我，他喜欢我。我不相信，但还是会心跳加速。我不知道我怎么了。”

她用工作、酒精建立起来的掌控感，因为新的追求者而失控、摇摇欲坠了。这种内心即将面临的“分崩离析”让她看到，即便受过感情的伤害，深层心理的渴望还是被关爱。外来的闯入者，打破了虚假的平衡感，让她看清自己真正需要的是爱。

人们终其一生都想要与世界建立稳定的掌控感。当意外的失控来临，我们会通过行为方式来重获掌控，但有的行为建立起来的掌控感是虚假的掌控感。青春期的孩子会通过装扮大人的样子，获得虚假的掌控感——我已经是大人了；职场中的人，会通过刻意的加班来获得虚假的掌控感——看我是多么努力的员工，这一点和学生时代写作业磨洋工是一样的情景。

只有看清你真正期待的关系以及背后的掌控感，才能获得真实的掌控感。

真实的关系问题，经常表现在时间和空间两个维度上。时间上的过去、当下和未来；空间上则包括内部和外部。

（1）与过去的关系。对过去的不接纳，对过去经历过的事件耿耿于怀……和过去过不去的人，往往无法接纳自己，总用过去的自己来活今天的人生。

（2）与当下的关系。对当下的不面对，不清楚自己当下的现状，不清楚自己当下所做的和所期待的关系……和当下的自己不和谐，往往无法“活在当下”，更不能让自己的行动转化为对未来有帮助的人生动力。有的学生虽然知道自己应该努力学习，在未来的考试中获得更好的成绩，但是他就是会选择用对抗的方式去应对学习任务。其实这也是和当下自己的关系出了问题的表现——不清楚自己面对何种环境，需要承担哪些角色和任务。

（3）与未来的关系。对未来的绝望感，对未来没有设想、没有期待、没有方向和目标；或是相信未来无法确定，一切都在惶惶不可终日中。未来一定会有不确定性，但若是不确定性压倒了我们对未来的信心，这个人就会产生习惯性的焦虑体验，进入焦虑状态。未来可能还没有到来，当下的人就被压垮了，或者进入一种习得性无助的状态：未来？我没有未来……

（4）外部的关系问题。所有的人际关系，职场、情感、家庭、朋友……这些都是现实的关系问题。一方面来源于能力不足——没有谈过恋爱的人，一下子成为情场高手是不现实的；另一方面来源于自己的期待过高。因此，面对外部关系问题，只有不断地练习与反思，并在修炼过程中调整内在的期待，掌控感才会慢慢获得。

（5）内部的关系问题。人们的内心其实有非常多的人格，如同人们在现实中也会有这样的感受："当我在对孩子说话和对同事交流时，虽然都是我说的话，但怎么感觉不像是一个人说的似的"。这是因为我们内心有不同的人格侧面，心理学家朱建军称之为"子人格"。每个人格之间的关系，可能是相亲相爱，也可能是仇视相杀：面对职场竞争，是否告发同事的不端行为，人们会意识到自己的心中仿佛有几个"小人儿"在打架；即便是到快餐店点餐，内心也会有很多小人儿有不同的主张，有的小人儿希望吃得健康，有的小人儿想要满足口腹之欲，有的小人儿主张去其他的店吃……这并不是所谓的"人格分裂"，这是正常的心理现象。

当然，这些内在人格关系，也会如同镜子一般映照到现实的人际关系中。你所讨厌、喜欢、羡慕、嫉妒的人，往往也会呈现在内心的人格关系中。很多来访者遭遇人际关系冲突，也可以看到内在有着相近的人格关系。心外无他，内心映照而已。所以，调整内在的人格关系，也可以帮助人们调节外在的人际关系。心变了，世界就变了。

从关系的角度理解人的心理健康标准，你会发现：一个人可以接纳自己的过往，积极面对当下的人生，并对未来有着希望和持续行动；内心的各个人格关系和谐，对外的人际关系中能够用合适的表达来应对各种各样的人际环境，那这样的人，岂止心理健康，真可称之为活成人生巅峰状态了。

05 五、烦恼的解决：内在探索与外在改变

想要有效地解决烦恼，还需要先来看看传统方法是如何解决烦恼的。

不知道你有没有听说过人生烦恼解决的终极应对大法："忍狠走"原则。

比如，婆媳关系，这种千百年间存在于东方文化中的未解之谜，是家庭烦恼的主要来源之一。如果一个痛苦万分的受气小媳妇遇到朋友，一边吐槽自家婆婆一边寻求解决方案。朋友大多的建议方案如下：

"嗨，谁家都这样，你就忍忍吧。毕竟是你婆婆……"甚至，朋友可能会继续现身说法几万字，直到对方认同了为止。

"你老公也不管啊？这婆婆太欺负人了！要我就不能忍，而且你们刚结婚就这样，以后还不无法无天了！这可不行，必须和你老公说，让他想办法！"如果这位朋友要是认识她老公，恨不得立刻打电话要求他想办法解决问题，俨然属于路见不平一声吼的类型。

当然，你也可能会遇到"谁家都一样，而且你看，你家孩子不是还需要婆婆看着吗……想跑也没地方去跑。等到孩子大了，或者你们有钱了，给她买个房子，我跟你说，就会好很多"。也有的人建议你可以短期旅游，周末带着孩子和老公出去走走。所谓的"走"，

是一种躲避、逃避的应对方式。

忍，忍耐现实，寻求内心的认知和谐，比如大家很熟悉的阿Q心态，也是忍的一种；狠，如同你强我更强，拼狠斗勇，无论如何，我都要搞定你；而走就如刚才所说，我离开、我远离、我逃避。惹不起，我还躲不起吗？

然而，解决问题真的可以如此简单吗？如果媳妇本身就是个“狠人”，也不会面对婆媳关系如此苦恼，自可用丰富的表达能力，哄得婆婆欢心；忍，人们能够忍耐到什么程度，忍到什么时候呢？离开，难道还能真的换老公不成？

使用简单粗暴的应对方式，并不能有效地解决问题。婆媳关系的复杂性，不仅在于这是婆媳之间的“战争”，更是两个家庭系统中错综复杂的关系呈现。想要解决，不仅需要一个人改变，也需要让整个系统都发生改变。人们在面对现实失控感发生时，习惯于立刻做出改变：忍受、强化或者远离。这些策略都不一定真的有效。看清，才是解决问题的基本前提。

因此，除了“忍狠走”，你还有一个选择——停。**停下来，不是什么都不做的消极态度，而是通过看清问题的本质，从中找到改变的可能。**

你需要看清：

现实中的关系，到底在发生什么？

现实关系中让你搞不定的原因有哪些？

这个模式是如何一直在你的内心保存着？

如果需要改变，从哪里开始，如何一步步地开展会更有效？

即便已经开始了改变，还需要不断地检验——看看自己所“看清”的是否真的是对的，抑或是需要调整。

停下来，看清问题的来龙去脉，寻找有效的改变策略，会比因为内在失控感而胡乱尝试更有效。

1. 从内在探索解决人生烦恼

与人们的心理世界比起来，现实环境的复杂根本算不上什么。

现实环境可以看得见、摸得着——领导对你的表现不满，孩子对你情绪冷漠，商业伙伴因为利益而对你笑脸相迎或针锋相对。而当人们试图去看清内心世界时，是否可以如同看外在世界一般清晰明确？其往往看到的是一片漆黑。

所谓的心理探索，等同于在人们的内心点上一盏灯，去照亮，看清内心发生和上演的故事。

借由心理探索来解决问题，人们可能会想到解梦、催眠……这些方法之所以有效果，在于它们能够帮助人们暂时放下逻辑思维，回到原始思维。也就是说，现实环境和心理世界遵循两套不同的思维方式。现实环境中我们会使用逻辑思维来理解和表达；而人们的内心往往会使用原始思维。这意味着，**如果一个人想要去探索内心的模式，首先要学会放弃逻辑思维。**

你会发现，人们一旦出现烦恼或是严重的心理痛苦，往往都**不讲道理，讲的都是心中的感受，因为这个时候人们更多地在使用原始思维。**

曾经有个男孩在职业生涯咨询中和我说："老师，道理我都懂，但是我就是不想做事、不想工作，一想到自己可能会面对失败，我就害怕。"

一个留学生也曾跟我说："我妈妈常说：'我这么大岁数了还在努力工作，还不是因为要赚钱养活你！'然而事实是，我的学费都已经交完，我的生活费都由我自己挣了，她哪还来的为了养活我而让自己这么累……可是每当我告诉她'我根本就不再需要你的钱了，你根本没有必要为我如此'，她就会沉默不说话。而这时，我又会很愧疚，我觉得我不应该这么对妈妈，我很对不起她。"

"道理都懂，但还是过不好一生"，是因为，道理遵循逻辑，人生中除了逻辑还有我们的情绪感受。对谈感受的人讲道理，往往无效。"家不是讲道理的地方"这句话正确的原因在于，纠结于家庭矛盾的人，更需要的是被理解和表达感受，而不是孰是孰非。

你可以和害怕失败的男孩说："你既然都知道自己该去向前、要努力，那么你就需要去努力向前。"甚至还不忘记给对方喊个加油。而对方的心情是，你这是站着说话不嫌腰疼，害怕的又不是你，进而他会愤然离席，再也不来寻求你的帮助。

你也可能觉得这个留学生的内心也太纠结了吧，要不然就明确地告诉妈妈——"你这是道德绑架，我不接受！"或者坦然地忍辱负重——尽孝道。如果你如此武断地表达你的逻辑，留学生也会告诉你："你不懂我。"

这时，你需要放下逻辑正确的"废话"，转而理解人心中原始思维的部分——更关注情绪感受的部分。

原始思维的"原始"二字有两重含义：它是人类远古阶段的原始思维方式；也是人们在孩子这一早期"原始"阶段主要使用的思维方式。法国哲学家列维·布留尔发现，人类远古时代的思维，并非是理性逻辑的，而是相信万物有灵，天人合一的。这些原始思维，可以通过具象化的感受、意象、绘画、梦境等画面来表达。同样，心理学家皮亚杰发现，6 岁以前的儿童也主要使用原始思维来理解世界。在原始思维中，人们不讲道理，而讲感受；事物发展不是逻辑性，而是故事性的。告诉孩子“人不能撒谎”，他往往不能记住，但“狼来了”的故事，就会让孩子记忆犹新，并且不敢去撒谎；孩子无法说出最喜欢的家人以及原因，但可以用自己喜欢的动物、玩具来形容。比如“妈妈是猫猫，软软的”，如果用逻辑语言翻译这句原始思维的话，大概意思是“我喜欢妈妈，妈妈特别温柔、柔软”。正因如此，对待小孩子的教育方式，只能用寓言故事、神话传说、假装游戏、模拟扮演等原始思维的方式来实现。

虽然人们随着大脑发育、年龄增长，逻辑思维开始占据主导。但是并不代表原始思维已经退出内心的舞台。一旦理性的逻辑思维薄弱时，原始思维仍然会重新占领内心的“高地”。比如，和白天相比，人们在晚上会更为情绪化、敏感；如果三五杯小酒下肚，纤细敏感的原始思维神经更会占据主导；晚间的梦境，更是天马行空，毫无逻辑思维的影子。很多艺术家的创作，都离不开感性的原始思维。人们在探索自身早年经历时，催眠状态下，也会更多地触及原始思维。

总结起来，想要理解人们的内心感受，用逻辑思维是无效的，因为内心感受是原始思维主导的。**因此，理解内心，更需要把握人们的原始思维。而用艺术、梦境探索、催眠、意象分析等形式更能理解人们心中的原始思维部分。**比如艺术中的戏剧、舞蹈、绘画、音乐都是很好的方式。

比如，用戏剧的形式理解来访者，戏剧形式会把一个人的内心理解为一个舞台。人们内心中会有很多的人，我们权且理解为一群演员，他们在你的内心表演一出出戏，完成一个个剧本。而你的外在行为，就是这些内心剧本的外在显现。

比如，想要找工作的男生，内心的舞台上可能就有两个人在表演：一个是不断要求自己该去努力上进的有志青年，一个是不断往后退的害怕失败的受伤小孩。

这部“心剧本”在内心的舞台应该是这样上演着：

青年（抬起头，昂首挺胸）：“我要去找工作、赚钱，实现自我！”

小孩（趴在地上，看着青年）：“可是，我害怕……”

青年（看着小孩）：“你怕什么？”

小孩（低下头，眼泪在眼圈里打转）：“我怕失败，我怕受伤。我都已经受过这么多伤了，我不想再让自己疼了。求求你，别往前冲了……”

青年（心有矛盾，内在恻隐，却又想着自己的志向）：“可是……我还是很想要去努力……可我……”

这样的“心剧本”形成了一个僵局，想进取的青年和恐惧失败、害怕受伤的小孩，谁也不能说服谁。来访者在道理上清楚自己需要改变，但在原始思维的作用下，感受占据了主导，恐惧让他裹足不前。

而前面讲到的留学生的内心剧本会更为复杂。妈妈的形象也会作为内心的人物出现。

妈妈（表现出自己的苦情）：“你看我，为了你，这么大岁数了还在工作。我做这么多还不是为了你？”

人物1（充满愤怒和正义，直白坦诚地指出）：“我已经不需要你的钱了，你这么做完全是为了满足你自己的苦情，我不接招！”

妈妈（沉默，表现出某种无辜和无奈）：“……”

人物2（充满怜悯和同情，同时也自我要求和压抑）：“你看妈妈都这么不容易了，你怎么可以（指向人物 1）这么对妈妈呢？她也是为了你好啊。你不爱她吗？”

人物 1（感觉自己受到了冒犯，愤怒升级）：“我觉得我们还是要分清事实，她这么说就是在道德绑架我们，我们现在不需要她赚钱来养活了。她却这么说，让我们感受到压力，她这样做是有目的的！”

人物 2（继续表达）：“我不管你怎么理解，你忘了是谁把你养活大的？现在不养活你了，以前你是怎么活到今天的？还不是她把你养大的？你因为这点事就指责妈妈，你做得对吗？”

……

很多人对父母纠葛的态度，大多来源于此——理性上不认同他们的做法，却在感受上受困于“我应该爱他/她”的信念。而这些足以让烦恼转变为心病——因为原生家庭的问题，这位留学生被确诊为中度抑郁症，不得不依靠药物来麻痹内在的争吵和相互的攻击。

这些内心的人物、上演的剧本，都是原始思维的产物。他们的思维方式是简单、以自我为中心的原始思维方式。如果不对其内心做调整，一个受伤的小孩终其一生也不会改变。而你的现实生活如果触发不到他，他就不会登台演戏；一旦现实生活中有触发的信号：面对挑战，面临威胁、不确定性，他就会比其他演员都敏感，直接从后台跑到前台，开始他的表演，进而让你产生了心理痛苦。

当人们被其内心的舞台所控制时，人们会不由自主地接受其中爱恨纠葛的剧情。如果上演的是人物之间的爱恨情仇，你的内心冲突就会增多；如果是恐怖片，你就会产生强烈的恐惧体验；如果内心舞台中的主角是一个惶惶不可终日的焦虑者，你就会杞人忧天，焦虑于不确定的未来……

只有你看清了这一出出戏，以及其中不同人物的情绪状态和心理诉求，改变才有可能发生。

“心剧本”改变四阶段：停下脚步—觉察清晰—改写内在—人格和谐

想要探索内在，先要学会停下你持续向外的行动，回观内心。

想要改变心中人物的剧本，先要成为一个细心、耐心的观众。没有耐心而离席的观众，或是直接在剧场中睡着的观众，终究无法看清问题的全貌。因为，无论你选择看还是不看，内心的戏仍然会循环上演，现实的烦恼仍会持续。当你认真地看完这出戏后，甚至还需要“二刷”“三刷”，不断地看其中的对白、独白、互动以及每个人的故事，才能看清剧中人的命运，产生这种命运的原因以及解决的可能。

此刻，请你回想一个心里的烦恼，并停下来为此赋予戏剧化的人物、剧情、对白。你会发现其中有多少个人物，彼此进行着什么样的互动，这出戏的风格，是一出喜剧、悲剧、恐怖片、言情剧还是其他?

觉察清楚了，才有可能成为自己“心剧本”的编导，改变内在的剧情。

让未被言说出的秘密言说出来；

让担心害怕的情绪得到表达；

让冲突的关系找到有效和解的方式；

让边界不清晰的人物找到彼此的底线和期待；

……

比如刚才所述来访者内心害怕失败的小孩，如果看不到那个小孩内心的害怕来源于几次人生重大考试的失败和家人的悲观感受，你也不可能了解其背后的真实原因。害怕的真实原因被言说，情绪得以表达，才有可能让这个小孩子真正地意识到——过去的伤痛不代表未来的伤痛，但若是一直沉浸其中，一生都永远没有办法“长大”，将永远地停留在恐惧中。

通过改写剧情，在其他内在人物的鼓励和支持中，害怕失败的小孩可以一步步尝试改变。于是，剧本的最后，也变成了在大家的期待和鼓励下，小孩子开始站了起来，愿意和有志青年一起尝试改变。内在的改变，自然也迎来了这个青年人开始尝试寻找工作、积极努力的外在改变。

同样，在心舞台上，将妈妈分为两个妈妈——“道德绑架的妈妈”和“关爱滋养的妈妈”，也可以帮助来访者找到心中的界限和标准：接受关爱妈妈的滋养，并给予感恩；明确表达对道德绑架的拒绝以及自身的感受。这样，真实的情绪可以得到宣泄，也不会背负上“不孝顺”的骂名。在现实环境中，来访者也可以表达出对妈妈的不同感受。

心中的戏皆大欢喜，剧中的人和谐共存，现实改变才有据可循，现实的你才会充满力量。

停下、觉察、改写、和谐。当感到内在不够和谐、烦恼倍增时，除了盲目地改变之外，你也可以停下来，如同一个编剧，找到纸和笔，自然而然地写出你心中不同人物之间的故事、剧情。看清人物关系，尝试把其中的纠葛和痛苦表达出来，通过不断的对话与表达，达成最终的和解，成就新的剧情。如果你对于更多的“心剧本”故事感兴趣，也可以去看我的旧作《创业是一场心理革命》，里面的生涯、心理案例，也会对你产生一定的共鸣。

2. 从外在改变解决人生烦恼

通过外在行为方面的改变，是否可以解决人生烦恼呢?

确实有不少心理学家，他们自身的人生困扰通过行动改变，获得了成功。他们不解梦，也不探索自己的过去，而是通过持续的积极行动来达成。理性情绪疗法的创始人阿尔伯特·艾利斯，曾经在年少受困于无法和女生交谈的烦恼，他没有做心理探索，而是痛下决心——搭讪 100 个陌生女生。果然，脸皮都是练出来的，他不仅不再尴尬异常，反而变得能言善道、侃侃而谈。后现代疗法的创始人之一米尔顿·埃里克森，从小遭遇脊髓灰质炎的影响。但他不想活在过去的痛苦和无力中，而是通过持续的想象，想象自己是个正常人，并对正常人的行为进行模仿，逐渐摆脱了无法行走的状态，成为可以行走的人。

探索内在，看人们一出出内心的戏剧上演时，不仅要有耐心，还要很勇敢，毕竟面对自己曾经遭遇过的痛苦和创伤是不容易的。当来访者经历过一段持续遭受暴力的婚姻，当下的她想要开始寻找自己的理想伴侣时，却在头脑中持续闪回过往被毒打的画面，这个时候人们真的敢于回顾过往的痛苦吗?

与其让她回顾痛苦的过往，不如促使她展望未来，促进改变:“我们今天不谈内心的痛苦，我只想让你去设想，如果展望未来，你可以找到一位理想的伴侣，你所期待的会是什么样的？”

外在改变，从你的当下和未来入手。既然过去难以改变，不如先从未来的展望开始。

“一个顾家和有责任的男人，起码不要伤害，并且……能够接受我的过去。”

虽然她在说的过程中，还是会不断地流下眼泪，因为过去的画面总在不断闪回。但咨询师的坚定，终究会让她对未来美好的期待生根发芽。

我回应道：“顾家、有责任、知根知底。虽然往事还会有很多的伤痛，当然我也听到了你对未来或多或少的期待。如果希望对方可以接受你的过去，更知根知底，也许都需要时间……”在咨询师的坚定下，来访者终于开始对未来展开美好的期待。

“对，不能再犯过去的错误了，”她感慨，“以前为了爱，太冲动，反而受了很多伤害。现在我明白了，爱是要慢慢培养的。”

“对，”我帮助她补充，也在构想未来，“真的愿意去爱你的人，也可以更好地理解你所经历的过去。而且，你也深知自己是一个受害者。也许从今天开始，要为自己做出一个重要的决定了，到底是继续活在过去的伤痛中，还是愿意开始寻找真正可以接受你的人。只有你愿意去改变，我们才可以一步步地向前，哪怕只是一点点的改变。”

“是的，我想要开始做出第一步改变了。”看到她坚定地望向远方的眼神，你可以真实地感受到她的力量。

接下来，就是行动和对行动的检验了。每隔两周，我会根据她的具体行动进行检验纠偏——如同 GPS 导航系统。这两周遇到了哪些异性，期间的交往过程，成功的经验给了她什么样的启发——她的优势和资源；失败的经验给了她什么样的反思——她的担心和不足。她的心态信念在慢慢发生变化，虽然过程中也会有很多反复：“老师，真的会有选择爱我的男人吗？我都这么老了。”遇到这样的情况，需要帮她重新鼓舞信念，通过梳理看清核心的问题："并不是没有那个人，而是当下的失败经历让你产生了怀疑。但你仍然选择来找我，也可以理解为你仍然有期待亲密关系的信念。我们来梳理这个过程中失败给你带来的启发和经验，继续去努力寻找。"无论年龄、外在、出身，每个人都有被关爱的权利。一年之后，她终于谈到了心仪的对象。那一年，她47岁。

外在改变不同于内在探索的价值在于，解决人们烦恼的方式都是可见的：想要减肥，过程可控、可量化；想要提升学习水平，可以通过客观标准来验证。生涯规划的个案中，无论是想要找工作，还是改善职场中的上下级关系，职业再定位等话题，都可以通过行动促进，让改变真实地发生。而在其中，你并不需要过多地关注这个人的内心发生了什么。简单的三个逻辑性提问，即可协助你达到胜利的彼岸：

愿景——你想要什么？

行动——你可以为自己想要的东西做些什么？

改变——何时何地开始？

外在改变过程虽然容易，但在改变中的四大基本问题是需要人们注意的：因果连接、反馈正向即时、延迟反馈现象和线性回归现象。

因果连接：找到产生问题的主要原因，例如，减肥背后需要改变的部分包括控制热量摄入、调整身体代谢、增加热量消耗；上下级关系问题的原因包括对职场的认知不清晰，社会化人格面具以及社交能力不足，对领导有片面的理解等原因。只有发现足够多的原因钥匙，才能打开结果的那把锁。

反馈正向即时：所有的改变都需要有即时的正向反馈。随堂测试同比分数提升，需要进行有效的即时鼓励和强化；不能自律读书的人，从原来踏踏实实读书 10 分钟变成了 15 分钟，同样值得立即的强化支持。这里需要注意的是，不要让积极的鼓励和支持来得太晚，以至于对方不知道你到底支持鼓励的是哪些行为；同时，不要进行阻碍改变的强化支持，比如减肥 2 斤，奖励大吃一顿。这样的奖励反倒成了阻碍。最后，当改变不利时，能不能使用适当的惩罚？虽然不鼓励这种做法，但是在必要的情况下，一定的撤销和惩罚也是需要的。原先让我们感到快乐的事情，可以被要求停止（比如每周看一场电影，因为没有做到自律，需要暂停）。奖励需要即时，惩罚（比如罚一周的家务活）同样也需要即时。

延迟反馈现象：虽然因果联系存在，但大多情况下，“果”并不会及时被反馈到。

作为生物体的我们，有效的反馈可能并不会立刻出现。减肥的人往往都清楚，即便昨晚努力克制食欲、挥洒汗水，第二天站上了电子秤，结果还是令人沮丧，甚至很多人因为延迟反馈而认为自己无论做什么都没有用，进而放弃了坚持。同样，很多焦虑症的患者在使用躯体放松疗法之时，也会因为几次放松都没有达到立竿见影的效果而放弃。但事实上，如果他能够看到自己的内部生化指标，诸如皮肤电、血氧指标等，就会知道，每一次努力都没有白费。所谓功不唐捐，人们所做的努力都不会白费。但又因为我们太过相信自己的所见所闻，反馈效果又是延迟的，所以人们总会停下来，还会抱怨“没用”。

其实，并不是没用，而是你没有等到效果显现的那一天。也正是如此，坚持到最后的人往往成为牛人，而大多数人仍旧平庸。

线性回归现象：无论你做出了多么强大的改变，你都不可能突破天际。线性回归作为一个统计学的概念告诉你，即便你再折腾、再努力让自己的水平达到了惊为天人的水平，你也只能存在于人类整体趋势线中。你可以创造 2 个月减肥 60 斤的神话，但是你不可能在 1 个月内减肥 200 斤。日拱一卒，积土成山，才是人间的正道。

除此之外，线性回归也揭示了另外一个道理：生命体为了确保存活，即便你在短期内成了“打败 99%人类”的逆天存在，也会在一段时间之后，慢慢回归到平常。普通人一周可以背下 100～500 个英文单词，你也许可以依靠顽强的意志力和惊为天人的精力完成 5000 个甚至更多，但这并不代表你的正常水平。比如动画片中，超能力的释放时间总是短暂的，大多数情况下，你仍然是一个普通人。让自己的机体慢慢适应改变和提升的过程，会比突变来得更有效、更持久，也更不容易崩溃。

人生是一盘漫长的棋局，不要因为想要快速的变化、提升，而让自己变成刹那璀璨，但稍纵即逝的花火。

3. 内外兼修：看清你生命的本质

如同东方的阴阳平衡思维，阴阳、表里、虚实、天地、内外……这些看似相互对立的元素，如果可以相互支持、则可阴阳互补、内外平衡，达到更高的状态。比如一个人对自己的外貌不自信，虽然他可以通过用化妆品、减肥锻炼，也包括微整形、医美等表面功夫做出漂亮皮囊，但难免流水线作业；你可以让自己逆龄 10 岁甚至更多，但到底多少岁，自己心里最清楚。

可无论外在改变了多少，你真的会因为美貌和年轻，就能让自己获得真实的自信？医美行业的朋友和我说："其实很多来我们这里的，更应该去找你们做心理咨询。"他的意思是，其实很多对容貌不满足的人，是心理上的不满足。对自己容貌的不自信，往往来源于内心的不自信。甚至医美行业依靠着很多"强迫整容"的人养活着——不断整容、不断对自己动刀子，以满足自己心中对"美"的期待，但是永远达不到心中的完美。而对心中完美的追求，隐藏着内心深深的自卑和对自我的不认同。

所以，**外在的容貌变了，不代表内心的形象就改变了**。同样，很多时候，你可以通过行动来武装自己的外在，但你内在的气质、人格、内心的和谐度没有变化，仍然活在水深火热中。

反之，内心持续改变，但是外在跟不上内心的变化，也会让人们感到无比的"违和"。如果一个人的内在气质优雅得体，但是衣着搭配总是很蹩脚，也会让人们感觉奇怪；同样，一个人内心的修行如果很深，但在为人处世上总是不考虑别人的感受和环境，显得很没有"现实感"，也会让别人敬而远之。一个健康的人，内心世界的和谐程度和外在世界的呈现状态应该是相互匹配的。此时，内与外，需要兼修。

内外兼修的方式，如同图 5-1 中的状态。内在状态的探索如同考古、挖矿，不断地向下挖掘，探索人生经历、早期经验，乃至更早的人生使命。而外在改变的方向，更如同飞升渡劫之旅，不断地搭建现实的阶梯：改善人际关系，实现现实中的成功，一步步达成自我实现的状态。整体上，一个人的内外状态是同步的：有多么高的内在修为，往往也会有相应的外在状态。

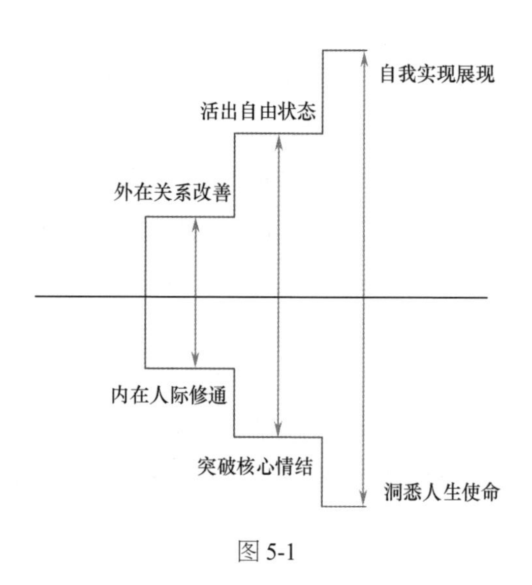

图 5-1

如果一定要给两个方向的探索细分成阶段的话，从心理的结构上可以分成以下这样的三个阶段。

第一阶段：内在人际修通，外在关系改善。

这个阶段，人们往往会因为一些具体的现实问题（外在）产生烦恼。通过内在探索，看清这些烦恼在内心上演着什么样的剧本，内心有什么样的情绪和关系未被解决。只要解决了这些心中的剧本，心中的关系也就顺畅了。这时，辅以现实的人际交往方式和技巧指导，可以让人们有效地解决现实的问题：没有和对方说清的感受可以表达清楚，无法应对的场景可以通过练习来一步步搞定。这样的人生烦恼解决才能治标治本：有了具体的解决方案，又不会因为过去的痛苦而持续复发。

第二阶段：突破核心情结，活出自由状态。

其实大多数人，都不会继续到这个阶段。因为现实的问题解决了，也就不需要再继续探索。但对于一些心病比较严重，或者期待自己可以活出更为自由状态的人，往往就需要持续地探索，看清绝大多数内心的剧本中，都在上演着什么样的内容、什么样的情绪。深入到内在的“无人区”，看到的是一个人的核心情结——更为早期的痛苦，以及深层的无法达成的渴望，深深地控制着你的无力感、恐惧感，以及被深深压制的本能。只有这些核心情结得到妥善的处理，人们才有可能活出真正的自由。让原先无法表达的愤怒可以得到表达，让无法建立的亲密感真正地建立起来。如果你想要了解有哪些话题是常见的核心情结，可以去回看第二章本能的部分。一般而言，本能被压制的状态，往往是和核心情结有关的。

如果一个人能够在合适的环境中表达出自己的攻击性，在遇到一些不好的环境时能够有效地保护自己，抵御外界影响，在拥有和占有的话题上保持适当的平衡，与他人可以享受真实且亲密的关系——相信自己可以有尊严地爱别人，也可以值得别人无条件的关爱，这样的人，才可以活出真正的自由。

第三阶段：洞悉人生使命，自我实现展现。

虽然马斯洛提出“自我实现”的概念已经半个多世纪，但是有多少人可以真正活出这样的状态？因为在现实的修炼中，你的基本需求、真实的安全感、可以获得爱与被爱的关系、拥有真实的自尊和审美，这些现实的修炼都需要一步步地实现。除此之外，你是否在活得自由的前提下，还能够洞悉自己一生的使命？这不仅需要丰富的人生阅历，也需要丰富的“心理阅历”——将自己内心的各个要素去伪存真、清除污染，让内心最为宝贵的积极品质迸发出来。心理学家荣格称之为“原型”，那些蕴含在人类集体潜意识中最为宝贵的品质。真正活出内在的智慧，或是善良、慈悲、爱、勇敢……你可能也会成为有修为的人。

当然，这是一条极其漫长且少有人走的路。如果你真的不仅仅愿意解决人生的烦恼和心病，还希望可以真正地自我实现，那么你需要做的是，按照马斯洛的需求层次，一个阶梯一个阶梯地攀登；同时，对内心持续探索，充满耐心和信心，相信“人间正道是沧桑”，一切修行的功夫，都会让你成为稀世的宝珠、自我实现的楷模。

即便，一生未达成真正的自我实现，你也在这条道路上，成就了更好的自己。从更大的意义上说，如果世间所有的人都能够内外兼修、知行合一，世间也会少很多烦恼之人、痛苦之人。“但愿世间人无病，何惜架上药生尘”。若是人们都没有了心病，我们这些“靠人生病吃饭”的从业者，转行便是，皆大欢喜。

06

六、疗愈整合：心理疗法与生涯理论的整合之路

如果想要成为一位解决烦恼的“全科医生”，就要消除“我到底是一个生涯规划师，还是一个心理咨询师的‘藩篱’”：人们在寻求咨询帮助的时候，并没有判断自己到底需要生涯还是心理帮助的能力。人们更需要的是，第一，“我不舒服了，我需要帮助”；第二，“我不管我是什么问题，专业术语上怎么说，我只要能够解决我的问题，心理上感觉好受了，我就知道我好了”。这是一个极其简单的思维。

正因如此，我使用了“泛心理学疗法”这个概念，代表的不仅是心理学本身的助人方式，更是取百家之长：心理咨询与生涯规划百年发展中经过时间验证的专业技术和方法，相关的身心医学，比如中医中一些理论和观点技法。被验证有效，并且被学术界广为接受的，都可以称之为“泛心理学疗法”。掌握足够多的方式，才能应对足够复杂、多元的人心，解决各异的人生困扰。

这里的困扰并不单纯指代心理问题。事实上，当一个人有心理困扰，有烦恼的时候，人们大多难以说出自己具体的心理问题——到底是抑郁、是焦虑、是强迫，还是其他。人们往往可以说出来的就是，我感觉自己心里不舒服，感觉自己不对劲，感觉自己难受又说不出原因，感觉自己搞不定了。

在医院里，前来治病是病人的需求，而鉴别诊断、治疗干预是医生该做的事情。我们不能奢望病人很清楚自己得的是什么病，我们期待他尽可能地说清自己怎么了（比如发高烧了），以及可能的原因（昨晚吃了过期的食物）就好了。

相较于身体疾病的治疗，心理疾病的治疗同样困难和复杂。但心病往往比身病更难治。

首先，**来访者难以说清自己的情况**。感冒发烧都有明显的症状，腰酸腿疼也有明显的感受，哪怕连内脏器官的不适感也能指出具体的位置。但是心理上的痛苦，如果找不到引发的事件，我们很难说清。人们往往只能说，“我最近心情不好”。然后咨询师就必须要询问持续的时间、痛苦的程度以及影响的社会功能，以此来判定这种不舒服到底严重到了什么样的程度，然后才可以根据产生这种情况的起始时间、当时发生的事件来推导，可能是什么样的事情引发了这种心理痛苦的产生。甚至有时更难的是，引发痛苦的事件可能有延后性，过了一段时间才产生，咨询师往往就难以立刻判定。即便我们当代的科技试图把病人的脑部结构、心电血氧等生化指标和自身的状况做结合，也仅仅是“隔靴搔痒”。

其次，生理疾病一旦产生痛苦感，往往已经到达了症状的层级，可以对症治疗。但很多心理困扰，包括绝大多数的生涯困扰，难以说清其具体的症状，因而无法进行对症治疗。在心理疾病的分类中，人的心理健康程度被划分为异常和正常。其中异常才是真正的心理疾病，比如精神分裂症、抑郁症、躁狂症、强迫症、焦虑症等，而这些还有对症治疗的可能性。而正常情况下又包括心理健康和心理不健康的情况。即便心理健康的情况下也会出现“发展与适应性问题”，比如升入大学的不适应症，刚刚进入职场的各种适应不良，从基础岗位发展到管理岗位的发展困扰，人际交往中不能搞定的人际关系也属于适应发展不良的问题。而这些“正常—不健康”的心理问题以及“正常—健康”的发展与适应性问题，难以对症治疗。可最大的问题在于，人们不太容易得严重的心理疾病，但这些烦恼却可以说是人人都有（见图 6-1）。毕竟我们活在世间，都希望自己可以掌控人生，应对现实中的种种挑战而立于不败之地。人生中有五求：求生、求学、求偶、求职、求死。除了生死我们无法掌控，我们总希望自己在学业、婚姻情感、事业发展等方面获得有效的掌控感——成为学霸、获得金玉良缘、达到事业巅峰……而求学、求偶、求职过程中的种种困扰，也足以让我们产生“心病”。

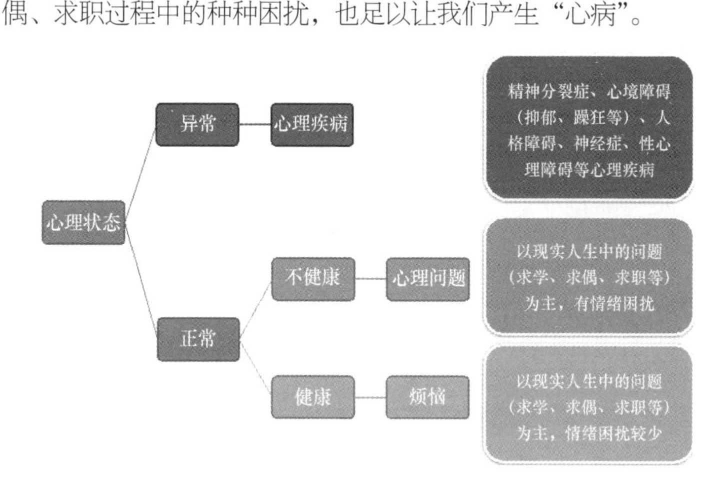

图 6-1

所以，这里所说的心理问题，指的是人生和人心中的种种烦恼。这种不舒服的身心状态，涉及人生发展（生涯规划、生涯咨询）、心理咨询以及心理治疗里面大部分的话题。只不过不舒服的程度与起点各异。这种不舒服有可能来源于自己，总是没有力量，总感觉自己很弱小；也有可能有具体的指向，“我觉得我的亲密关系不够好，我觉得我在职场中总是被排挤，我觉得我和婆婆总是关系不好”；也有可能有了一定的心理“症状”，会感觉没有来由地紧张、出汗，总会产生深深的空虚感和无意义感，会在短时间内出现失忆、头脑混乱等症状，去医院检查，却没有任何生理问题……

1. 心理疗法与生涯理论的百年发展之路

由于接下来所阐述的理论、疗法主要来源于职业生涯发展以及咨询心理学两部分，我会以两条相互影响的脉络来介绍。自从 19 世纪末，心理学和职业生涯规划学科，发展出了众多的理论，并延展出无数的技法，试图解决不同时代的心理烦恼。

1882 年，年轻的**西格蒙德 · 弗洛伊德**从维也纳大学医学院博士毕业，和所有心怀大志且生活窘迫的年轻人一样，他努力工作，为了心中的梦想——迎娶心仪的少女玛莎。但是那时他从来没想过，自己会改变行业、改变世界。因为在当年，同样对催眠、宣泄、性压抑等话题感兴趣的医生中，他不是最资深的。但是持续的投入——无论是巨量的个案实践、著书立传，还是创办学派、督导体制，让他最终从私人执业医师转变为行业的祖师爷。

无论人们认同或是反对他的潜意识理论。无论是作为专业从业者，还是心理学爱好者，人们终其一生都会无数次地谈及潜意识，总会解一解自己的梦，对神秘的催眠、俄狄浦斯情结、口欲期等话题非常感兴趣。心理学的专业概念普及到了大众，对于心理学而言，一个伟大的时代开始了。

弗洛伊德的成功不仅来源于自身的努力，也因“时势造英雄”。

维多利亚时代的性压抑风格，成为他的“泛性论”理论最有利的传播土壤。

而欧洲维多利亚时代的辉煌过去后，全世界的瞩目焦点从欧洲转移到了美国。如果你曾经看过《摩登时代》《海上钢琴师》《泰坦尼克号》等描述该时代的电影就会知道，不仅仅是美国的农村人口，大批量的欧洲人也涌到美国，寻求人生的第一桶金。美国梦一时深入人心。而其中一位“追梦人”**弗兰克·帕森斯**，也成为“时势”所创造的英雄。

弗兰克·帕森斯在进入波士顿大学任教之前，他做过很多工作，教师、律师、铁路工人……他见证了时代快速的变革以及变革所带来的社会阵痛：大批农村人口涌向城市，这些人不知所措，不知自己的未来和工作机会在何方；另一方面，因为当年还没有成熟的职业安置体系，大量的工厂招不到合适的工人。于是，1908 年，帕森斯在波士顿成立了职业指导局，试图解决“人找不到工作、工作找不到人”的矛盾。他通过三次与求职者的访谈，结合当时最新潮的专业职业测评，测评人们的能力倾向、兴趣、价值观、人格性向等，为人们快速安置合适的职业。一旦测评匹配到合适岗位，就去工厂实习、工作。他从中总结出了一套有效的人职匹配机制：了解人的特质，了解职业的因素，从中找到合适的匹配。匹配了，双方满意；不匹配，继续寻找适合的人和岗位。该思维简单明了，也很适合当时的时代需求。为纪念他的贡献，人们奉帕森斯为“职业指导之父”，在职业生涯领域的地位，堪比心理咨询领域的弗洛伊德。

历史上的思想大师，一旦建立了思想流派，便想把自己的思想让更多人传承下去。帕森斯的传承者中，最著名的当属**约翰·霍**

兰德（John Holland）了。他发展了人职匹配理论（也称之为特质因素理论），把自己的一生都用于研究人类兴趣。

弗洛伊德也很喜欢“收徒弟”，一旦觉得情投意合，就收入门内。阿尔弗雷德·阿德勒、卡尔·荣格、奥托·兰克、威尔海姆·赖希等，都和弗洛伊德是亦师亦友的关系。他们又因具体理念上的不和而最终成了陌路，甚至是一生的敌人。在他们分道扬镳之后，又各自投身于自己的研究领域，开辟了属于自己的方向。

阿德勒的个体心理学，不再过度关注潜意识的话题，而是聚焦于人如何在现实生活中获得成功。想要获得人生成功、心理健康，就要不断地超越自身的自卑感，寻找自身有效的未来目标，找到满足自身生活方式的社群。这些观点成了认知疗法、家庭系统治疗、人本主义等疗法的理论起源之一。

卡尔·荣格则“超越”了潜意识，从精神世界的角度，挖掘人们内在世界探索的作用，他认为，心理健康的人要持续地探索内心，直到成为“自己”。

奥托·兰克关注人们更早期的创伤。“出生创伤”“分离焦虑”“艺术心理”成了他最主要的研究领域，这些理论观点也直接或间接地影响了后世的客体关系、自体心理学等现代精神分析学派。

威尔海姆·赖希的工作从躯体入手，他直接成了心身疾病、躯体分析等心理学技法的先驱。

他们活跃于20世纪20—40年代，并将自己的思想传递、影响到了今天。心理学研究的主战场，从原来以欧洲为主导的局势，转变成了欧洲和美国两大势力共同主导。心理工作的对象也从有钱的成年人，转向各类成年人，以及对儿童的心理分析研究。其中弗洛伊德女儿——**安娜·弗洛伊德**和客体关系的创始人**梅兰妮·克莱茵**

在对儿童、成年人的理解上产生了分歧，她俩旷日持久地争论了一生。在争论中，真知才会慢慢产生，到了 20 世纪 50 年代，心理学、生涯发展都因为有建设性的争论而越发繁荣。

1953 年，一位职业生涯领域的大师**唐纳德·舒伯**，拓展了“职业”（Vocation）的概念，并提出了更为全面的“生涯”（Career）概念。“我们不仅要活着，还要活得快乐，活得丰富，活得完整”，在那个时代，找工作已经不再是西方人民的主要需求，经济大萧条之后，很多人意识到家庭、娱乐、员工福利等多元需求的重要性。人们越来越在意如何让自身活得有尊严和价值。同时期，心理学家**亚伯拉罕·马斯洛**在研究人如何实现自己的成就感，并提出了“自我实现”这个概念，后来这个概念影响了心理学、经济管理学等各领域。同时期，心理学家**卡尔·罗杰斯**在世界各处讲学，其讲稿、发表的论文被总结成一本书，叫作《成为一个人》（国内也翻译为《个体形成论》）。他认为，“人没有问题，让人们产生问题的往往是这个人没有遇到更好的、滋养性的环境”，如果我们可以为这些痛苦的人提供良好的真实透明的环境，人们自然会越来越好，甚至走向自我实现。于是，心理咨询流派的大家庭中增添了人本主义心理学这一成员，专业术语中多了诸如“共情”“真诚透明”“无条件积极关注”等概念。

生涯发展大家庭中多了如唐纳德·舒伯、金·伯格等的生涯发展理论。他们不再采用人职匹配的思维，而是更关注于对一个人的全面探索和规划，从时间发展、空间角色、精力比重等方面构建出完整的自我。他们认为一个人只有自我认同，才能更好地去发展未来的一切可能。同样，今天人们的心理、人生困扰往往来源于：过去没有良好的环境促进自我的形成；对自己不够清楚而做了很多

“糊涂事”；或者因为看不到自我而对未来没有期待、没有希望。因此，成为更好的自己，成了时代的主旋律。

20 世纪 50—60 年代，人本主义的思潮没有完全“过时”。而从第二次世界大战后就一直在舔舐人类心灵伤口的人们在思考：如何为经历了创伤的人们，找到心灵的归宿？如何为战后的人们，提供有效的生活保障？战后的军人，社会不能为他们提供无尽的福利和照顾，因此他们必须要结合其有限的能力，创造无限的可能。在美国，明尼苏达州立大学承担了关于退伍军人再就业、社会再适应的研究项目。他们本以为这仅仅是对于“小众群体”的研究，结果一下子研究出了一套面向于所有人的职业生涯理论——适应论。适应论认为，当一个人的技能与工作岗位的工作要求匹配时，公司、用人单位就会很满意；当一个人的需要与工作给予的回报匹配时，个人就会很满意。大家好才是真的好，所以一个人需要用自己有限的能力，去为自己获取一定的价值回报；而无限的部分在于，公司和组织往往会对个人有更高、更多的期待。只要你可以持续满足，回报就会持续获得，进而成为一种无限的正循环。而在心理学领域，**弗兰克·弗兰克尔**的集中营经历，以及结合这段经历所著就的《活出生命的意义》一书，也让人们意识到，人类可以拥有自由。“即便是人类活在集中营，无法拥有人身自由，但我们仍然可以拥有心灵的自由”。人们的一生，都在不断地寻找自己的意义以及存在感。当我们想要消除那些终极的孤独时，我们就需要不断地在生命中，寻找“为什么活着”的意义和人生价值。**罗洛·梅**、**欧文·亚隆**等心理学家将毕生贡献于生死、孤独、存在的意义和虚无等话题，他们所在的学派被称之为“存在主义心理学”。

计算机技术的发展，不仅提高了人类的生产力，也成就了诸如苹果、微软、英特尔这样的科技公司。心理学科再次追赶时代潮流——把人的心理过程比喻为计算机的操作处理方式（心理学第一次追赶时尚潮流是在 1879 年前后，把心理学物理学化，感兴趣的读者可以去搜索“威廉·冯特”以及“科学心理学的诞生”）。在人的一生之中，最重要的问题往往是抉择问题。择校、择偶、择业，都跑不出一个“择”字。怎么才能做出不后悔的选择呢？生涯发展领域结合计算机的“输入—中央处理—输出”思维，提出了认知信息加工过程。科学、专业的决策只需三步：第一，输入了足够全面的信息，包括个人的兴趣、性格、技能、价值取向、特质优势和限制等要素，以及外部环境（比如择业中需要了解的公司信息、发展前景、准入要求等具体情况）信息；第二，应用一套流程性的决策框架；第三，将你最终的选择形成有效的发展目标，并且持续为之行动。

因为人们对于流程化、标准化的热爱，这样的方式一下子成了主流的助人方式。似乎找一个心仪的对象，选择一个大学、专业，具体去哪家公司，都可以在一套“认知信息加工理论”之后见分晓。可是人心如此复杂，怎么可能一套流程包打天下。很多人发现，即便通过这套流程后，人们得到了决策结果，也仍然不敢去盲目行动。如同通过测评给到对方一个结果，对方也不一定认同这就是自己。人不是机器，我们不可能纯粹地理性。如同面对亲人的离世，理性会告诉你，我必须要接受人世间的悲欢离合；但内在的情感还是会让人产生深深的无力感、悲伤感，以至于产生了很多阻碍生存和发展的信念：“你离开了，我一个人可怎么过……没有了你，我也活不下去了。”

其实，在 20 世纪 20—30 年代，除了精神分析一派的兴旺发展，还有一个心理学流派，一直旗帜鲜明地反对精神分析，反对潜意识。这就是行为主义。行为主义的“开局”可以说是臭名昭著，不提也罢（感兴趣的读者可以去网络搜索“小阿尔伯特实验”“约翰·华生”等）。但经历了半个世纪的变迁和发展，行为主义已经不再武断地坚称“改变一个人的行为，就可以改变人的一切”了。行为主义也必须要面对，一个人即便说自己明天一定要好好学习，但是明天也不一定会真正去认真学习。因为人的内在有被称之为“认知”“内在信念”的东西在作祟。于是，**阿尔伯特·艾利斯、阿伦·贝克**等人，倡导用认知的方式，要么和内在信念对抗，要么促进人们领悟自身的内在信念。通过对信念的改写，解决思想上的疙瘩，人的行为才会顺畅很多。例如，虽然很多大学毕业生在毕业前都希望自己找到一份完美的工作，但认知疗法的拥趸者会让学生们认清事实：“你够完美吗？凭什么不完美的你可以找到完美的工作？所以今天能找一份满足基本需要的工作，就已经很不错了。”扭转了信念，就可以从一念地狱，转变为一念天堂。

认知的方式，看上去很美，但真正用起来，你才会发现，改变人们根深蒂固的信念，谈何容易。再加上时代的发展越来越快速，让很多咨询师必须面对这样的现实：来访者越来越没有耐心和你每周咨询一个小时，连续咨询三五年。很多人甚至开始怀疑：“到底是咨询师治好的我，还是即便不用咨询，三五年之后，我也会成为一个更好的自己？”还有人会怀疑：“凭什么咨询师认为我的问题是原生家庭问题，我就必须要接受他的观点？”

社会发展越发快速，价值越发多元，一个人的成功标准也不再单一。各个流派的心理、生涯工作者，越来越没有兴趣去为来访者做长期咨询，也没有兴趣要求来访者必须要接受咨询师的观点。因为人们深知，一个人的各种烦恼和心理问题，并不一定和所谓的病因有直接的关联。来访者所认定的原因，才是最需要面对的问题。而在行业内，心理大师、生涯专家们也越来越不爱吵架。其原因在于，这些人在了解了人心的多样性和复杂性后，没有了一统江湖的不切实际的期待，不如踏踏实实地做好本职工作，造福每一位前来咨询的来访者。

这种尊重个人生命故事的思维方式，心理学上称之为“后现代”“建构主义”。后现代疗法的心理咨询师们，对于问题的成因没有太多的兴趣，他们的兴趣在于，来访者如何可以解决当下的困扰。后现代疗法的助人方式不再局限于时间、频次、来访者的病因、个案概念等要素。如果可以通过 40 分钟的交流来解决人们的问题，那么大可不必让这个人固定每周一小时前来咨询，无须消耗不必要的精力和金钱。

同时，生涯发展也从最早的匹配观点、发展观点、适应观点、认知观点，转化为当下的建构观点。每个人的人生发展是自己和环境互动出来的。一个人喜欢什么，并不是通过霍兰德测试测出来的，而是在其人生路上，通过尝试一些行为，得到了积极的反馈，进而产生了一种叫作“自我效能感”的心理感受，即相信自己能做得到。这种自信心鼓励着你成为今天的样子，创造了未来的可能。而那些不爱学习、不爱某些事物的人，往往也是因为在这些领域产生了比较强的挫败感以及比较糟的结果，进而挫伤了自己的效能感。马里兰大学的**伦特**会告诉你，要提升自我效能感，可以做这样四件事：从自己的人生中寻找有效的成功事件；模仿别人人生中的成功经验并转化为自己的成功经验；周围重要他人对你的支持鼓励，让你相信自己可以做到；强化自身的情绪状态，给予足够的心理暗示让自己相信可以做到。通过这些方式，重建自身的效能感，进而通过持续行动，成就更高的自我效能和自我掌控感。同时，另一位生涯大师，**萨维科斯**也会告诉你，如果一个人对于自己的未来，既关心，又可以好奇地获取更多资源和信息，还对自己的人生有强烈的主观掌控感以及战胜一切的信心，那么这个人无论面对什么样的环境挑战和变化，都是适应力极强的王者。

说到这里，时间已经到达 21 世纪 20 年代，也就是当下了。

当然，以上还有很多主流、非主流的心理流派没有完全介绍到。比如，格式塔疗法，其创始人皮尔斯会告诉你，心理健康的人是那些内心没有过不去的坎儿的人。因此，人们需要不断让过去那些在心理未完成的事情"完型"。家庭治疗，或科学，或系统，或温暖，或支持，从系统的角度告诉我们，家确实会伤人，也可以疗愈一个人。表达性艺术治疗，起源于人本主义创始人**卡尔·罗杰斯**的女儿**娜塔莉·罗杰斯**，结合了音乐、舞蹈、戏剧、绘画等形式，让人们在表达中实现自我创造、自我疗愈。药物干预、催眠、冥想、家庭系统排列、超人本心理学等都在不同的角度帮助人们解决心理烦恼和痛苦。各取所需，各行其道，这些方式都闪耀着人类集体智慧的光芒。

图 6-2 从时间的维度上，将心理、生涯方面的理论做了梳理。当然，在本部分，我更想让你从宏观的角度，了解这一百多年的时间里，整个心理与生涯领域有哪些重要事件。由于篇幅所限，确实无法把每个理论和内容都展开讲述。但希望可以让你意识到：心理、生涯等助人工作，不分彼此，不分伯仲，若要成为一名"全科医生"，不可偏废任何理论与技法。而对于想要解决烦恼的人，也可以从中找到符合需要的方式来帮助自己。最后，作为学习者，这个百年发

展图，也可以作为你学习“泛心理学疗法”的蓝图。或可查漏补缺，或可系统全面地学习。成为一个完整的助人者。

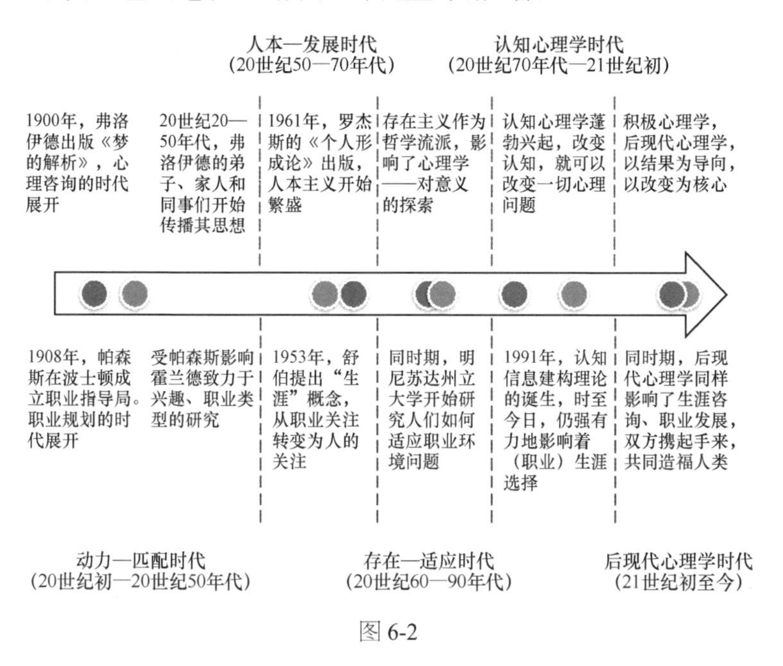

图 6-2

2. 人是怎么被治好的

即便是在心理咨询、生涯规划等职业概念已经深入人心的今天，到底有多少人会在面对烦恼时的第一时间求助于咨询师呢？比如，当一个男人和自己的妻子吵架了，心情很烦躁时，前来咨询是不是第一选择？常识会告诉我们，他会选择抽烟、喝酒，或者去马路上闲逛散心；又或者诉诸兄弟的聚会；也可能会去和同伴打一场球……虽然咨询、助人工作已被广为认可，但是必须要说的是，大多数人在面对烦恼时，第一解决方案往往都不是咨询。

而背后的真相是，即便人们第一时间前来咨询，问题真的可以得到有效的解决吗？而对比闺蜜聊天、抽烟喝酒、锻炼运动，咨询真的可以达到更好的效果吗？

同样的反思，值得助人者思考：

如果不来咨询，人们的烦恼会不会自然消失？

如果来咨询了，也产生了效果，那么效果会在何时何地以何种状况发生？

如果治好了，疗效能维持多久？

最终极的疑问，什么叫作“好了”？

……

多年从业经验中，也曾经有过很多让我啼笑皆非的“乌龙治愈事件”：

一位曾经的来访者，咨询了两次之后，突然就不再继续前来咨询。虽然我的个案中“脱落”（来访者不辞而别的专业说法）的情况不常见，但本着“来者不拒，去者不追”的原则，我只能反思，是不是我做了什么不对的地方，让来访者不再前来。

半年多之后，我突然接到了她的邮件，大概内容是这样的：

“薛老师，原谅我当时的不辞而别，很感谢您治好了我……咨询结束两天后，我就做了个梦。梦中我听到了您和我说，‘要看到你老公行为背后的期待。’然后您就给我做了很多的解释。我突然意识到，对啊，他一直嫌弃我这嫌弃我那，其实对我是有期待的。于是醒来之后，我就和他说了我的感受。结果我的先生哭得很厉害，说我终于理解了他。之后我们的关系就和解了。我本想着自己看看两三个月如果没有反复，我就给您回复一下，让您别担心。没想到后来就忘了，才想起来，您别见怪。”

当时的我一脸茫然，因为我发誓，我没有和她说过梦中的话。所以，我无法确定到底是我治好了她，还是她的梦治好了她。而类似的事情，总在不断地上演。

助人工作难以判定咨询有效性的核心原因在于人心的复杂性和模糊性。咨询师无法找到一条明确的治愈之道，所以，所有的咨询都是一场冒险。这种冒险，集中于咨询的三个方面：咨询目标、咨询对象以及咨询效果。

咨询目标：虽然咨询师都需要和来访者制定咨询目标，但目标很多时候难以明确。

咨询对象：虽然前来咨询的人都被称为来访者，但很多问题的解决关键，并非来访者本人。

咨询效果：咨询效果虽然已有一系列的评估方式，但仍然难以达到绝对的满足。

大学的辅导员老师，作为一种专业而特殊的助人者，经常会在新生入学时无奈地面对一些自带严重心理问题、人格障碍的学生，而且，往往还需要陪伴他们四年时光。比如曾经有一位边缘型人格障碍的大一新生，她的人际关系紧张，在宿舍关系中过于敏感，害怕别人不理她、隔离她。在亲密关系中常年用“作”的方式来证明对方的爱，经常感到内心的空虚，一言不合就想要自伤自残。面对这样的学生，她的辅导员也是胆战心惊、如履薄冰。但出于工作的考虑，她只能选择对其进行长期持续的咨询帮助。

面对这样的来访者，咨询师如同走在钢索上的人，须时刻小心提防。设定咨询目标时，咨询师往往难以说出真实的情况——当咨询师把目标建立在“帮她解决人际关系烦恼”时，她会说“不是我的问题，是她们不要我的”；目标建立在“帮她建立更好的自我”时，她会说“这个太抽象，我听不懂”；若是直接说出她的疾病类型以及特点，她会因为被贴标签而产生更严重的问题；若问她“你期待解决的问题是什么”，她会反问“我找你来，就是要你告诉我我的问题是什么。我要是知道，我为什么找你”。

由于这类来访者的心境情绪起伏不定、时好时坏。若是收费咨询，他们更是不断打破与咨询师之前的约定。也许咨询三次，来访者突然感觉良好，便要终止咨询关系。即便你深知来访者的疗愈之路还很漫长，也不得不接受这样的事实。而过一段时间，来访者可能又会哭着来找你，一边期待你可以“拯救”他的灵魂，另一方面又怪你为何当时不拦住他。想要产生稳定效果难上加难。

作为助人者，你深知这类问题的解决难度极高，产生问题的关键来源其原生家庭，真正的咨询对象更应该是他的家人。经过长达数十次的咨询后，咨询师已判定，这是一个需要 “终身服药”的来访者，咨询师也会因为难以立即解决他的问题，而深受困扰。

从业越久，咨询师越会深深体会到“人的局限性”。

助人者的能力是有限的，我们一直在不断犯错和成长的道路上尽力成就更好的自己；

助人的方式是有限的，我们不可能指望有一种万能药来解决世上所有的烦恼、心病；

助人的关系是有限的，我们不可能为来访者提供全天候的陪伴和支持，他仍然需要独自去面对世界；

助人的表述是有限的，即便我们尽最大可能让对方理解我们，误解仍然会存在；

助人的设置是有限的，即便我们理解世间之苦，但我们也需要有清晰的收费标准、时间、频次、环境等设置要求；

承认我们的有限性，才有可能扩展无限的可能。

面对棘手复杂的来访者，唯一可能有效的是人性中的善意——真诚、信任、关爱、善念、坚定，对人和世界深切的理解、正面的期待……

所以，多年的咨询中，我也曾和我的来访者们说过以下的话，回顾感慨，也许只有这些话，会让效果真实产生。

面对边缘型人格障碍来访者，在设立目标时，我曾说："其实你深知内心起伏的痛苦。因为在人际关系中体验过被抛弃的感觉，内心需要被关爱，渴望稳定持久的被关怀。也许我们可以先把目标建立为如何让自己感受到情绪的稳定。起码对于你而言，每周可以来咨询，久而久之，情绪状态会更为稳定。情绪稳定，才能更好地应对人际中的各种烦恼。我会尽可能地为你提供被关爱的感受，直到你可以在现实生活中找到可以持续给予你关爱的关系。那时也就可以称之为目标达成了。"

有的来访者会追问："老师，这会要多久？"

我回答："坦诚地说，我也很难给你明确的答案。我不敢说我完全地了解你，更不敢完全地承诺十次、二十次咨询解决。我只能说，当你的情绪稳定度提升后，自然会越来越好。当你可以自主掌控你的情绪和人生时，那也就可以结束咨询关系了。"

也有的人会继续问："那我还会好吗？我感觉自己没救了……"

"其实咨询和人生一样，都是一场冒险，我们都需要承担适当的责任。你的责任是表达真实的感受，为改变自己尽可能地付出努力；我的责任是尽最大的可能帮助你，并且接受自己的局限性。这些问题形成了如此之久，我确实也没有办法一次两次解决。这一点也需要你了解，并且明确这个共同的承诺。”

也许有的人会在听完后选择离开，并用他认为合适的方式去解决问题。但愿意真正开始咨询的来访者，也为自己的人生承担了相应的责任，往往也得到了很好的效果。

同样的“疑难杂症”中，也曾有一些被家人都放弃了的孩子。当他们一次次迟到、漫不经心地前来咨询时候，我适当的坚定和勇敢也撼动了他们的内心：“一方面，你每次都会前来咨询；另一方面，你每次都会迟到 20 分钟以上，而且经常会顾左右而言他。这让我想起你的父母曾经说‘我对这孩子完全放弃了’，我也想起你每天的情况，不上学、玩游戏、对抗环境。但你还是会来我这里，并且我也能感受到你在聆听我说的话。我需要你给我一个解释，当别人都不在意你的人生时，你内心到底是怎么想的？”

我也曾遇到过五年内更换 8 位咨询师的来访者，她在来访时期待“老师可以直接戳中我的痛点，刺激我”。而在第一次咨询结束前，我很明确地说出了坚定的感受：“虽然我知道你对我有这样的期待，但经过我们 60 分钟的交流，我深知，如果你仅仅想让我戳你的痛点，你之前换过那么多的咨询师，不缺这样的刺激，但这并没有让你好起来。如果你真的需要一个戳你痛点的咨询师，可以另寻他人。我可以为你做的事情是，陪伴你度过这一段离婚后的时光，并在这个过程中，适当地给出我的提醒和一些反馈建议。”

很多人即便在见咨询师时，仍然会戴着假的外壳，内心深层的期待被隐藏着。而真正有效的方式，如同母亲的温暖和父亲的坚定的结合。**温和而坚定地面对对方，促进他放下伪装，面对真实的自我，持续成长。**

3. 应对不同烦恼的思路与技术整合

作为一个心理咨询师、生涯规划师、教练等，我经常会被问到，这些“工种”的概念和区别是什么？也有学员上课时会问到我，听说全世界范围内的心理、生涯咨询理论流派有不下十几个“名门大派”，其中的技法和概念更是成百上千，我们能不能摒弃各个门派的纷争，找到它们之间的整合之路呢？

作为刚入门的从业者或学习者，你需要很清晰地区分不同门派之间的理论差异，也需要明确这些理论技法的创始人都是在什么样的个人背景、人性观假设、时代前提下做出的推论和技法总结。但是，如果你已经持续从业，积累个案1000小时乃至更多，你会发现不同理论和技法概念，其实质都可以有效地整合、融合。真正从行业发展的角度而言，那些资深助人者、“烦恼终结大师”，他们都很难说出自己到底在用哪个流派，属于哪个职业称谓，这也是一种真正的以来访者为中心的体现——根据来访者需求，恰好地扮演需要的身份，运用适配的流派和技巧。

但对于初学者，我们需要从学习分类开始，比如，什么是心理工作的侧重，什么是生涯工作的核心，循序渐进地学习。

简单而言，心理和生涯工作的核心区分在于对情绪的工作。纯粹的生涯规划，较少甚至不需要对来访者的情绪做工作。来访者主要谈及的是现实问题，而个人的职业发展和人生问题也不太受情绪的困扰和控制。也就是说，来访者的情绪是可以自我调控的。

而在心理咨询、心理治疗中，来访者的情绪往往难以自控。他的内心会受到情绪的牵扰，甚至早已凝滞成为情结或严重的心理阻碍，转化成躯体症结，乃至幻觉、妄想。到这种程度必须要寻求专业医院精神科、心理科的诊疗支持了。

举个例子，如第一章所讲，人活在世间，有欲望很正常。例如，一个人想要晋升为大区经理，但是他的上司百般刁难，导致他又恼怒又无奈。初次咨询时，就要询问以区分其到底是生涯问题还是心理问题。

咨询师："你说领导处处刁难，让你无法达到自己的职场目标。我想问问你，如果我们在未来的咨询中，为你提供一些有效的应对和沟通方式，让你可以继续和领导交流，达成你的目标。你认为自己是可以带着一定的情绪和他沟通交流，以便达成你的职场晋升目标，还是现在一看到他，你的情绪就会不受自控，以至于根本无法沟通？"

如果对方表达："我可以尝试沟通，并且适当地克制情绪。"结合咨询中的观察，你会发现来访者的情绪化没有那么严重，那么就可以判定，这是一个典型的生涯咨询，具体话题是职场中的人际应对问题。通过分析沟通模式，给予其新的沟通方案，让其尝试改变行动，目标终将实现。

但如果对方表达："我现在看到他，就气不打一处来。说实话，就算您给我有效的办法，我也怕会搞砸，我太烦他了！"或者即便他认为自己能搞定，但是咨询师仍然在咨询过程中看到他强烈的难以自控的情绪。你都需要建议他："虽然你谈到的是一个职场人际问题，但我感到你的情绪已经难以自控，我们也需要先探讨一下情绪话题。毕竟这件事长期让你难以应对，才到了现如今……不如你先说说看你对领导的真实感受。”如果咨询师拥有生涯和心理助人两方面的资质，你可以先开始进行一定的情绪理解、宣泄以及处理。但如果咨询师本身不具备心理工作的能力，就需要将来访者转介到相关的心理咨询中心进行咨询。这也就是为什么生涯工作者要具备一定的心理咨询资质以及相关背景的原因了。

但是如果出现了这样的话语：“老师，我现在一想到他，我就感觉自己的一生完蛋了，我吃不下饭、睡不着觉……我现在在家经常可以听到他羞辱我的声音，他就是别人派来害我的……”这时咨询师就需要意识到，来访者已经表现出了严重的抑郁状态，有幻觉妄想的表现，他的心理已经出现了异常反应，需要心理治疗的介入——医院精神科、心理科的药物治疗和住院治疗。这时，咨询师提供及时的建议和进行有效的转介是最重要的。

想要做出这些鉴别诊断，需要你全面地学习普通心理学、变态心理学、咨询心理学中鉴别诊断的部分。但如果仅仅是做最简要的澄清和鉴别，可以通过许又新老师的“6 分评价标准”和三个咨询问题，做出最简单的判断。

问题一：时间——你的问题（痛苦）持续多久了？

问题二：痛苦程度——这个问题所产生的痛苦情绪和状态是否可以自我掌控？

问题三：社会功能影响——这个问题对于你的社会生活、人际关系有哪些影响？

根据提问的回答，在表 6-1 中找到相应的分数，累加即可获得最终分数。

表 6-1

相应分数	1 分	2 分	3 分
持续时间	<3 个月	3 个月～1 年	>1 年
痛苦程度	自控	外控	失控
社会功能	轻微影响	效率下降	完全回避
三项总分			

如果一个人的心理痛苦问题持续时间小于 3 个月，记 1 分；3 个月到 1 年，记 2 分；大于 1 年，记 3 分。

痛苦程度方面，如果可以自控，也就是在理性主导范围内，记 1 分；如果必须要别人介入，比如要靠家人的支持、朋友的劝慰才能平复情绪，记 2 分；如果无论谁都无法让情绪平复，情绪已经严重泛滥，影响了生活，记 3 分。

社会功能方面，如果仅仅是对工作、学习、人际、社交等有极其轻微的影响，记 1 分；如果出现了明显的效率下降、比如成绩下降、记忆力减退，或是原有良好的人际关系开始出现一定的冲突和影响，记 2 分；如果出现了回避行为，怕见人、不想做事，完全地沉浸在自己的世界中自闭，记 3 分。

最后，三项分数累加（见表 6-2）。总分是 3 分，属于现实问题、考虑进行生涯咨询、生涯规划；如果是 4～5 分，属于心理咨询范畴，考虑解决情绪、信念上的痛苦；如果是 6 分以及以上，一般属于心理治疗范畴，考虑先吃药缓解症状，同时通过心理咨询配合进行治疗。

表 6-2

总　　分	问题范畴	适配职业
3 分	生涯、现实问题	生涯咨询师、生涯规划师、教练
4～5 分	心理、情绪问题	心理咨询师、精神分析师
6 分以上（含 6 分）	心理、精神问题	心理医生、心理医师

除此之外，对于不同职业的基本界定，也在这里做一个详细的说明。

生涯咨询（相关概念以及专业名词包括“生涯规划”“生涯发展”“职业生涯规划”等）：以个体的职业发展、生涯发展为主导的咨询助人方式。主要咨询目标在于帮助个体定位人生发展方向（包括职业、专业等发展方向），提升现实应对能力（人际关系、新环境的适应与发展、目标建立与行动促进、情绪与压力管理），促进有效决策发生，从而恢复个体人生的掌控感。

设置方面，主要以短程、结果导向的咨询目标为主。以个案为主导方式设置，在单位时间阶段内完成个体的话题与任务。主要技术以及议题包括个体自我认知与定位、目标与愿景探索、行动促进、自我管理、有效的决策产生、职场/专业定位与再定位、适应与转型等。咨询师在风格上相对更具有结构化，过程清晰明确，更易进行咨访之间的知情同意。

心理咨询（相关概念以及专业名词包括“心理助人”“心理谘商”“社会工作”，但不包括“心理治疗”“精神科医师”等）：指借助专业心理咨询理论与技术，为来访者/来询者进行的心理助人工作过程。主要目的在于提升个体自我认知，调节与处理个体情绪，化解各层面的身心困扰，积极改变并促进个体的有效行动，发现并探索个体存在的意义等诸多话题。

设置方面，心理咨询的设置方式可谓多种多样，从短期焦点技术的短程到长程精神分析探索，各种咨询流派都有其自成一体的理论框架以及技法。然而随着心理助人理论与技法的不断更新发展，整合、折中取向越发成为整个心理行业的主流。

教练（包括各种场景中的教练，诸如“生涯教练”“企业教练”

“团队教练”等）：基于后现代框架下的教练技术，核心目标在于解锁个体当下发展的困境（现实/心智），通过促进个体现实改变，进而发展个体的潜能，赋予其有效的行动力。

设置方面，教练坚持短程与灵活的策略，每次教练时间不设置固定时间（以 15 ~ 50 分钟为主）和频率，不设置固定的教练场所，以结构化技法与积极正向的人性观为主导，深受商业、管理、生涯等领域的欢迎。然而，也正因如此，也有另外的观点认为其对人的深入探索以及人性中负面部分的关注不足。无论如何，其在当前的助人工作领域，有着一定的影响力。

精神分析师：以使用精神分析（包括经典精神分析、现代精神分析等）技法为主进行心理助人工作的执业咨询师，其主要技法包括分析、解释、面质、神入、镜映、抱持等。

一般在设置上，以长程精神分析为主。咨询初期，保持对来访者的节制，匿名化，“维持分析的设置”；咨询中期，进行长期的分析与解释，处理个案的阻抗，探讨关系中的移情与反移情。修通病人（精神分析对来访者的称谓）的潜意识冲动，使之意识化，最终实现有效的领悟。

当然，目前在精神分析领域，各种理论与方式都在不断发展和创新，很多精神分析师也不一定完全遵循绝对化的精神分析设置，进而产生了更多的多元整合方式。

WHY 和 HOW：人生烦恼就两类。

生涯、心理、教练以及其他助人职业，虽然助人技法如此之多，但回到本源——来访者的问题和困扰无外乎就两类：“为什么”和“怎么办”。

“我找不到理想的工作，怎么办？”

“我为什么总是遇到渣男？”

“我该如何才能让自己更好地管理团队呢？”

“学生为什么总不喜欢听我的课？”

“老师，我觉得自己抑郁了，怎么办？”

……

林林总总、形形色色的困扰，但可以粗略地归纳为两个方向，一类想要看清本质，一类想要寻求改变，也有的是两者兼具。

有的是先问清为什么（Why）——我为什么这样呢；看清了，再问怎么办（How）——我该怎么改变。

也有的人不会考虑太多，先改变，去做（How）；在过程中慢慢看清，再探索为什么（Why）自己有这样的问题。

其中“怎么办”的问题是现实层面的话题，侧重于指导、行动、促进，也就是所谓的外在改变环节；而“为什么”的问题是心理层面的话题，侧重于分析、探索、挖掘。

解决 How 的咨询师，如同教练，不断地促进行动的发生，并在过程中坚定人们的信念；解决 Why 的咨询师，如同考古学家，不断地比对过往的信息，找到问题的根源，助人产生心中的领悟。

两者虽构成了两套独立的结构，但又相互影响。接下来，我们分别来看看解决两类问题最常用的心理、生涯技法。

HOW：生涯五问。

怎么办的问题，常出现于现实无法掌控、应对的话题。这一类问题，我们大可不必探索背后的心理原因，而更多地聚焦于如何改变，如何重新恢复人生掌控感。而无法掌控，往往来源于环境（外界）的改变。从中学到大学，突然一下子不适应学习方式，感觉到无所适从，不知怎么办；刚刚结婚，突然一下子需要适应公公婆婆的出现；生了孩子，突然不知道该如何平衡工作和家庭了……林林总总，问题的关键在于新的挑战来了，你搞不定了。

我们把搞不定的问题抽象一下，从人生的高度来看这件事。首先，如果把人生做一个比喻，我们可以比喻其为渡河的过程——从此岸（当下）到彼岸（未来）。就如同从小学到中学，从单身到恋爱，从三口之家变成孩子上学后重新回到二人世界，这些都是一个个阶段的发展过程。生涯规划大师唐纳德·舒伯专门把人的生涯阶段分成了五个不同的阶段，表达的是同样的意义——人的一生是一个不断从此岸到彼岸，而又从原有的彼岸到下一个彼岸的过程。在其中，人们在内心会思考这样的五个问题。

在此岸时，我们会思考："我是谁？"对于自己有清晰的认知，才会对未来有所设想和期待。进而，当明确了我是谁之后，我们会开始思考："我想成为谁？"明确我对自己的期待和目标是什么。如果我是一个高中生，基于对自己的成绩、个人兴趣、价值诉求等考量："我想要去什么样的大学，成为哪个专业的学生？"

当明确了当下（我是谁）和未来期待（我想成为谁）之后，人们往往不会立刻渡河。人们心中会对自己的目标有一个基本的评估——这种评估来源于对自己过往的成败经历、胜任度来决定。"我能做到吗？"人们会不断地审视自我，从而建立基本信心。一个在基层工作了十年的人，面临领导给予的新岗位挑战时，内在也会思考："我能胜任吗？"人们在其中权衡众多要素，最终决定是否要开始"渡河"。

如果确定，"不管如何，先试试看吧！"那么，第四个问题就来了——"我如何做到？"一系列的行动过程、行动计划即将展开。对于一个想要报考"双一流"院校的学生，任何科目分数的不足都会成为持续行动的方向，对于不同专业的报考学科组合要求、可能的就业面、就业前景等信息，也需要通过努力行动才能获取。只有这些真实的行动才能让这个人感觉到自己确实在前进。

最后，当人们完成了阶段性目标或者最终达成时，也会问出最后一个问题——“我做到了吗？”通过有效的反馈和对结果的回观，让人们可以“承上启下”，检验以往努力的成果，建立新的目标（新的彼岸）：数学科目从 110 分考到 120 分，进而开始追求 130 分的跨越；职场业绩从 Top20 进而冲击 Top10 甚至更高，以实现对自己人生的有效掌控。

五个问题——“我是谁”“我想成为谁”“我能做到吗”“我如何做到”“我做到了吗”，代表了每个人人生发展的通法（见表 6-3）。只要想要向前，我们都必然会问自己这五个问题。而这五个问题，也代表了 **How 最常见的问题分类**：个人定位问题、目标探索问题、人生决策问题、行动改变问题以及效能提升问题。

表 6-3

五问	问题	技术
我是谁	个人定位	兴趣、性格、技能、价值观探索
我想成为谁	目标探索	愿景探索、生涯幻游
我能做到吗	人生决策	决策平衡单、专业决策单
我如何做到	行动改变	SMART 原则、时间线
我做到了吗	效能提升	成功五问、快乐三问、效能提升五步法

“我是谁”，常见于自我认知不清晰的状态。一个人需要对个人的兴趣、性格、技能、价值观等自我概念有一定的清晰度，才能更好地找到自己的优势点和发力点。如同“职业锚”的概念一般，如果一个人找不到自己所锚定的位置和优势，如同选错了自己的战

场；一旦你清楚了自己的优势和资源，才能尽最大的可能将之最大化。对科学研究感兴趣，高中时成绩优异，大学从事科研相关的专业自然会更有优势；在关系中善于表达的人，也要把握自己的核心优势去从事与表达有关的工作。

“我想成为谁”，帮助我们跨过当下的现状去看未来理想的状态。借由未来的愿景，看清自己的“彼岸”。一些想象引导练习、生涯幻游的探索都可以帮助你很好地探索到多年之后，你所期待成为的样子，也可以更好地促进现实的改变。

“我能做到吗”，将带你进入决策的思考中。当下的你需要做出什么样的改变，改变在什么时候将要发生，我该如何选择。决策本身是理性和感性结合的产物，正因一切朝向未来的决策都是未知和不确定的，所以面对决策时，我们不仅要看到自己如何使用类似于“认知信息加工模型”这般理性的工作，也需要看到自己在面对改变时的自信心（生涯理论中称之为“自我效能感”）以及对结果的预期。所以，通过理性的决策工具梳理决策结果，权衡利弊，通过对自我效能和结果预期的觉察和促进，提升自身应对风险挑战的能力，才能更好地开启行动。

“我如何做到”，将开始带领你促进行动。每个人的改变都是趋利避害的。所以，持续地养成习惯，需要制订有效的计划，并持之以恒地坚持。制订计划时，SMART 原则、时间线等技法可以很好地帮助你；奖惩机制、即时反馈机制等也可以很好地帮助你不断跟进改变。

“我做到了吗”，一方面，作为效果的检验，可以帮助你看到自己这一路走过来的成果；另一方面也是更重要的，可以帮助你提升自我效能，看清自己成功和失败的过程对于人生全程的价值和意义：成功可以让你从中获得下一次更大成功的经验；而失败可以让你从中找到需要规避和提升、调整的部分。下次和婆婆沟通，也许可以不使用那么“缺心眼”的表达；下一次考试中，同一类型的错误就尽可能地不要再犯。通过不断的检验，开启新的一轮从此岸到彼岸的转化。

这五个问题彼此之间会不会有影响呢？答案是必然的，比如决策也可能会发生在“我如何做到”的环节，也可能有的人在最后检验的环节（“我做到了吗”）就会重新来到“我是谁”“我想成为谁”的新一轮循环。这五个阶段并非纯粹的线性流程，而是一个不断循环往复的过程。但是通过这个模型以及其中相应的工具技法，你可以清楚地知道，今天你的来访者问题在哪里？是个人人生定位不清晰，还是目标不确定；是无法做出人生选择，还是无法持续行动；抑或是人生的改变动力不足。我们都可以从中找到有效的答案。哪怕你不是很清楚他的问题，你照样可以按照这五个问题的顺序询问一遍，改变自然就会发生。

例如，一个想要成为生涯咨询师的来访者进行的生涯规划过程如下。

来访者：“老师，我期待成为一名生涯咨询师，而且通过之前的职业测试，我的兴趣和技能都能很好地匹配生涯咨询师这个岗位。”

咨询师：“好的，通过对自己的了解，你找到了属于你的目标——生涯咨询师。那如果我们从 1 到 10 分打分，10 分代表我当下立刻就可以成为一个生涯咨询师，1 分代表我当下根本做不到，你会给自己的信心打几分？”（了解完“我是谁”和“我想成为谁”之后，问“我能做到吗”）

来访者："嗯……3 分吧。"

咨询师："如何理解这个 3 分的信心呢？"

来访者："我自己做过一些学生工作，谈心谈话还是可以的。但自从学习完生涯规划的一些知识概念之后，感觉自己的应用还是不够。除此之外，对于这个行业的发展和前景确实不是很了解。"

咨询师："听上去，你对生涯咨询师职业和行业的了解，对生涯咨询相关知识应用，是需要提升的，还有其他方面吗？"

来访者："暂时想不到了。"

咨询师："好的，那对于生涯咨询师职业和行业领域，我个人可以作为信息的分享者提供一些相关的信息，除此之外，你也可以通过访谈和实习的方式来获取有效的信息……而在生涯知识应用方面，我们可以设定一下你行动的计划。"（"我如何做到"）

通过设定目标和计划之后……

咨询师："通过刚才的信息分享以及未来的计划制订，如果下周你可以完成这些计划：①梳理生涯规划中自我探索的知识，并进行至少两个生涯测评；②与行业内两位咨询前辈了解其职业发展历程、职业前景；③完成一份职业生涯咨询报告。那么下一次我们再见面时，你觉得自己未来可以成为生涯咨询师的信心，如果还是 1 到 10 分，你会给自己多少分呢？"

来访者："我觉得会有 8 分。因为我总是相信，好的开始是成功的一半。"

咨询师："好！那我期待下次你的成果。"

WHY 的问题：心中的世界。

如同前文所述，一切的烦恼乃关系的烦恼。一个人如果在母体，他完全和世界融为一体，成为世界的中心，那么他就不会有各种烦恼，想要什么有什么，想要什么就可以实现什么。

所以心中世界的苦恼本质是分离之苦。分离之后，必须要在世界中与外界建立关系。从“一”到“二”，也就是客体关系中所说的客体出现，我们需要与之建立关系。建立关系的对象是具体的某个人，或是抽象的人的某个部分或某种概念（比如金钱、爱、尊重等）。从婴儿开始，如果想要喝奶，你就必须接受乳房不一定总会在合适的时间来到自己身边的情形；想要躲避嘈杂的环境，你就必须依靠自己的力量逃离或者用各种方式应对；你也会幻想如果你仍然可以像在妈妈的子宫里一样，想要什么就有什么该多好……这一切的不完美都在不断提醒你，如果想要如愿，得到那个“TA”，必须要付出一定的努力。但是，即便努力，也不一定能得到。为什么（Why）会有烦恼，在于人们无法和所有的对象建立有效的关系，问题自然就产生了。

建立了“我”和“对象”的关系模型，进而可以解释其他的几类问题：来源于自身的动力问题，来源对象的目标问题，朝向对象的行动问题以及超越关系的整体系统问题（见表 6-4）。

表 6-4

常见问题	主导理论	主导技法	价值/获益
关系问题	以人为中心疗法、存在主义疗法、客体关系理论、格式塔疗法、TA 沟通分析	共情、神入、镜映、抱持……	重建对关系的信心
动力问题	经典精神分析、分析心理学（荣格）、个体心理学	解释、领悟、早期回忆分析、意象对话、子人格分析……	内在被发现，促进领悟
目标问题	短期焦点问题解决、教练技术、叙事疗法	愿景探索、奇迹式提问、假如式提问、外化、见证、解构、教练式问话……	对目标、愿景的建立

（续）

常见问题	主导理论	主导技法	价值/获益
行动问题	行为主义疗法、认知行为疗法	系统脱敏疗法、躯体放松技术、快速眼动（REDM）、理性情绪行为疗法、认知行为疗法、正念疗法……	通过持续行动获益
系统问题	家庭系统疗法、女权主义疗法	家庭氛围探索、沟通姿态、家谱图、家庭互动分析……	看清、把握系统动力

关系问题，在于无法与对象建立有效的关系。那么什么是有效的呢？简单来说，在适当的环境中，做出合适的表达：遇到亲近的关系，能够表达出自身的善意和亲密感；面对别人的拒绝、否定、攻击，也能做出相应的反击和回应。不过度压抑自己的感受，也不会刻意地放纵自己而忽略社会环境。面对不同的人，能够不执着于某一个模式（客体关系理论中称之为“投射性认同”）。咨询师作为一个有效的容器，能够让来访者在咨询环境中体会到有效的关系——可以感受到安全，情绪得以表达，内心冲突得以释放，人际互动真实呈现，不再担心、害怕自己的想法会被他人指责，自己的观点感受会被忽视，自己持续活在施虐受虐的体验中……

动力问题，帮助人们挖掘内心的种种想法，并与现实的烦恼建立有效的连接。挖掘人们生命早期内心的种种想法，可以帮助人们发现今日痛苦背后的原因。当人们可以看清当下的困境和过去人生中种种情结、心理创伤的联系时，就会产生领悟的可能。进而更好地改变内在动力，不再成为过去人生的受害者。

目标问题，往往在于当下被过去的情绪和限制性信念所困扰——“我看不到目标，或者即便看到目标，我也不敢相信这和我有什么关系”。无法相信自己可以拥有幸福的生活、财富、情感、健康……除了探索背后的个体动力外，借由看清目标以及看清阻碍目标的原因，也可以很好地帮助来访者。后现代疗法关注个人未来的目标和愿景，并通过强有力的发问（如奇迹式提问，假如式提问，度量尺式问题，时间、空间等视角的提问）帮助个体解锁内在的信念阻碍。如果问题困扰很久，也可以通过叙事疗法，对原有内在的故事进行重新解构，发现负面问题背后拥有的正向意义和价值，进而促进个人更好地建立自我认同。

行动问题，常见于两种情景：不想行动以及不在乎原因。当一个人面临恐惧的情景时，他往往难以采取行动，比如，社交恐惧的人，真实地害怕与人接触的场景，行动力自然会出问题。也有的人想要尝试看清社交恐惧背后的心理原因，但结果难以看清（因为在内心想象恐惧本身就很难坚持），所以往往也找不到原因，更无法谈及领悟。于是心理学家们换了一个思路——不考虑原因，直接通过行动来改变。面临恐惧场景的心理感受是害怕，那我们就用放松来替代恐惧感。所谓行为主义中的系统脱敏疗法就是这种针对“标”的方式，逐步地让人在想象或现实中面临恐惧的具体场景，然后辅以放松训练，通过行为方式改变人们在恐惧中的紧张感。行为主义的不少方式显得简单粗暴，但面对一些问题，尤其是恐惧、焦虑、创伤，有着不错的效果。

系统问题，是解决“为什么”的问题中最全面、最深刻的。他会认为，一个人的问题，往往要放在整个系统和大环境中去看。一个人的心理痛苦，也可能来源于原生家庭的影响，甚至是整个家族传递下来的某种期待和固定的模式，这就需要从整个家庭、家族的角度去考虑。所谓“头疼医脚，脚疼医头”的系统观思维也在于此。如果一个孩子突然不爱学习，也可能他并非不想学习，而是通过不想学习，让父母更多地关注他，就没有时间折腾离婚的事情了；一个女人突然要工作自强，也可能来源于情感关系中不平等的地位和男方家庭的嫌弃和指责……看清系统的全貌，才能解决个体的心理困扰。

五种不同的问题也称为心理咨询中的五种取向。心理咨询大师杰拉德·科瑞提出了基础的概念，我在这里稍稍做了延展，把五种问题归为五种取向：动力取向、关系取向、行为取向、目标取向以及系统取向。如果有人问：这五种取向分别适用于解决人的什么问题呢？大体是这样的。

动力取向：在于人们没看清自己的内心，看清楚了，自然就好了；

关系取向：在于人们没有良好的关系，关系好了，人也就好了；

行动取向：在于人们没有持续地做出改善行为，行为发生，人就好了；

目标取向：在于人们没有看到自己想要的愿景，聚焦目标，人就好了；

系统取向：在于人们没有理解整个系统的影响，理解了，自然就好了。

因此，一个人如果可以在"为什么"（Why）的问题上，了解自己为何成为今天的样子，了解自己期待的目标，了解自己所在的系统对个体的影响，了解自己与外界建立关系的模式，并愿意开始有效地行动，那么进而到"怎么做"（How）的问题上，他可以清楚"我是谁"以及"我想成为谁"，通过"相信自己可以做到""持续做到"，慢慢建立起对外界有效的掌控感。这个人就会慢慢与烦恼和平相处，进而有可能消除一个个的烦恼，看清自己的本质，活出理想的人生。

后　记

看到这里，请停下来反思：你的人生烦恼，你想清楚了哪些？又考虑要从哪里改变呢？

对于我而言，写到此处真实的感受是：感谢所有的人生烦恼。

从个人、国家、人类的层面，若没有一个个的“烦恼”，我们也不会发展到今天。

虽然经济发展带来了一个个新的烦恼……但与烦恼共存，也是世界的真相：**活在不完美的世界，尽可能地实现更美好的未来。**这也是东方文化的精髓之一：有光明就有黑暗，要允许阴阳的共存。

因此，特别感谢这些年来我的来访者和学员们。你们带着烦恼而来，我们共同面对、共同解决；同时，这些困扰让我必须面对我的不足，不断提升专业水平，不断更新知识体系；最后，我们一起享受烦恼解决的喜悦，也同样面对生命的本质——我们究其一生，都不可能消灭一切烦恼。只有充满希望地与其共处，才能借助烦恼，成就更好的自己。

同时，特别感谢我的授业恩师们，无论远在大洋彼岸，还是近在咫尺；无论常年相伴，还是点拨一二。我们共同面对着人性中的阴暗面，解决了一个个困境，新的问题又会层出不穷……久而久之，这成了我们一生的使命——试图用不完美的自己，让这个破碎的世界变得更美好一些。

最后，本书和这个世界一样，也一定有很多的不完美之处，如果您有任何对本书的建议、意见，或受本书启发之后有想要探讨的话题，欢迎您在我的工作室微信公众号“本义心理”留言，我会聆听您的想法，尽可能地去帮助您消除烦恼。

我愿一生成为“心的工匠”，坚守人心正道，雕琢专业技艺。同时，期待和你一起踏上烦恼消除的人生之旅。

薛　艺

于北京·本义心理工作室

参 考 文 献

[1] JON G A, PETER F, et al. 心智化临床实践[M]. 王倩，等译. 北京：北京大学医学出版社，2016.

[2] SHU D G，MORRIS S C, HAN J, et al. Primitive deuteronstomes from the Chengjiang Lagerstätte (Lower Cambrian, China)[J]. Nature Article, 2001: 414, 419-424.

[3] 朱建军. 意象对话心理治疗[M]. 北京：北京大学医学出版社，2006.

[4] 霍尔，等. 荣格心理学入门[M]. 冯川，译. 北京：生活·读书·新知三联书店, 1987.

[5] 李微笑. 舞动治疗的缘起[M]. 北京：中国轻工业出版社, 2014.

[6] 范德考克. 身体从未忘记[M]. 李智，译. 北京：机械工业出版社, 2016.

[7] 布伦纳. 精神分析入门[M]. 杨华渝，译. 北京：北京出版社, 2000.

[8] 荣格. 荣格自传[M]. 刘国彬，杨德友，译. 北京：译林出版社, 2014.

[9] 亚隆. 存在主义心理治疗[M]. 黄峥，张怡玲，沈东郁，译. 北京：商务印书馆, 2015.

[10] 阿德勒. 理解人性[M]. 陈太胜，译. 北京：国际文化出版社, 2007.

[11] 荣格. 荣格文集（第七卷）：情结与阴影[M]. 申荷永，等译. 吉林：长春出版社, 2014.

[12] 朱建军. 人格[M]. 北京：知识产权出版社, 2018.

[13] WILHELM R. Character Analysis[M]. New York: Farrar, Straus and Giroux, 1980.

[14] 王冰. 黄帝内经[M]. 北京：中国古籍出版社, 2003.

[15] WILLIAM G . Reality Therapy: A New Approach to Psychiatry[M]. New York: Harper Paperbacks, 1989.

[16] 科里. 心理咨询与治疗的理论与实践：第八版[M]. 谭晨，译. 北京：中国轻工业出版社, 2010.

[17] 薛艺. 创业是一场心理革命[M]. 北京：北京大学出版社, 2017.

[18] 阿特金森，切尔斯. 唤醒沉睡的天才[M]. 古典，王岑卉，译. 北京：科学技术文献出版社, 2013.

[19] 斯通. 心灵的激情：弗洛伊德传[M]. 姚锦清，译. 北京：世界图书出版公司, 2015.

[20] 金树人. 生涯咨询与辅导[M]. 北京：高等教育出版社, 2007.

[21] 弗兰克尔. 活出生命的意义[M]. 吕娜，译. 北京：华夏出版社, 2010.

[22] LENT R W, BROWN, S D, HACKETT, G. Toward a unifying social cognitive theory of career and academic interest, choice, and performance [J]. Journal of Vocational Behavior, 1994: 45, 79-122.